世界技能大赛技术标准转化项目教材
编写委员会名单

汤伟群　胡鸿章　曹小萍　张利芳　陈海娜　张泽光　杨武波
蔡旭菱　罗　旋　林天升　陈定桔　何伟文　吴多万　谭钰怡
王晓丹　王军萍　钟　莎

“十三五”职业教育国家规划教材

世界技能大赛技术标准转化项目教材

商务文件创建与建模

曹小萍　著

暨南大学出版社
JINAN UNIVERSITY PRESS

中国·广州

图书在版编目（CIP）数据

商务文件创建与建模/曹小萍著．—广州：暨南大学出版社，2018.8（2022.2 重印）
（世界技能大赛技术标准转化项目教材）
ISBN 978－7－5668－2482－0

Ⅰ.①商…　Ⅱ.①曹…　Ⅲ.①办公自动化—应用软件—教材　Ⅳ.①TP317.1

中国版本图书馆 CIP 数据核字（2018）第 229469 号

商务文件创建与建模
SHANGWU WENJIAN CHUANGJIAN YU JIANMO
著　者：曹小萍

出 版 人：张晋升
责任编辑：黄文科　亢东昌　高　婷
责任校对：王燕丽
责任印制：周一丹　郑玉婷

出版发行：暨南大学出版社（510630）
电　　话：总编室（8620）85221601
营销部（8620）85225284　85228291　85228292　85226712
传　　真：（8620）85221583（办公室）　85223774（营销部）
网　　址：http://www.jnupress.com
排　　版：广州尚文数码科技有限公司
印　　刷：广州一龙印刷有限公司
开　　本：787mm×1092mm　1/16
印　　张：10
字　　数：200 千
版　　次：2018 年 8 月第 1 版
印　　次：2022 年 2 月第 2 次
定　　价：32.00 元

（暨大版图书如有印装质量问题，请与出版社总编室联系调换）

总　序

广州市工贸技师学院商务软件解决方案项目团队经过2014—2018年四年的努力，实现了世界技能大赛“商务软件解决方案项目”的技术标准转化为“商务软件开发与应用”新专业成果的输出。2016年，在遵循职业教育规律和职业教育一体化专业课程开发规范的基础上，项目团队根据新专业成果完成了世界技能大赛技术标准转化项目教材的编写。

教材共分为八种，包括《商务文件创建与建模》《单机商务软件开发》《商务软件快速开发》《客户端/服务器商务软件系统开发》《浏览器/服务器商务软件系统开发》《数据库模型分析与商务软件开发》《移动商务软件系统开发》《团队合作商务软件系统开发——网上商城》。每种教材与世界技能大赛技术标准转化为专业课程设置完全对应。

项目开发团队参照世界技能大赛商务软件解决方案项目的测试题目模式，结合企业商务软件开发的过程进行教材任务的编写，参考世界技能大赛测试题目的考核方式进行成果导向与展示考核，根据世界技能大赛的技术标准及能力进行综合评价，确保专业培养目标、课程目标、任务目标、考核目标的一致性。

世界技能大赛技术标准转化项目教材不仅适合商务软件专业的教学人员、世界技能大赛项目的研究者、世界技能大赛教练以及参赛选手使用，还可以作为企业商务软件开发的参考资料。

在本次世界技能大赛技术标准转化的研究过程中，感谢汤伟群、胡鸿章、曹小萍、张利芳、陈海娜、张泽光、杨武波、蔡旭菱、罗旋、林天升、陈定桔、何伟文、吴多万、谭钰怡、王晓丹、王军萍、钟莎等专家和教练提供的支持与帮助。

由于水平有限，书中如有错漏之处，恳请各位专家和读者批评指正！

广州市工贸技师学院商务软件解决方案项目团队

2018 年 6 月

前　言

技工院校的教学方法直接关系到技能型人才的培养，技工院校以前的一些教学方法和手段已经越来越明显地显示出不足和单一性，很难适应和符合新型工业化人才的培养要求，优化转变技能型人才培养模式势在必行。一体化教学模式在职教界越来越受到青睐。一体化教学有广义和狭义之分，广义的一体化教学是一种理想的职教教学模式，在实践中很难实现。狭义的一体化教学是指一体化课程教学。

人力资源和社会保障部“为贯彻落实《中共中央办公厅国务院办公厅印发的〈关于进一步加强高技能人才工作的意见〉的通知》精神，进一步深化技工院校教学改进，加快技能人才培养，推动技工教育可持续发展”，专门制订了《技工院校一体化课程教学改革试点工作方案》，以文件的形式肯定了一体化课程教学的必要性，指出了“一体化课程教学是深入贯彻科学发展观、提高技能人才培养质量、加快技能人才规模化培养的有效方法；是探索中国特色技工教育改革与发展之路”。

基于此背景，广州市工贸技师学院进行了一体化课程教学的改革，按照经济、社会发展需要和技能人才培养规律，根据国家职业标准及国家技能人才培养标准，以职业能力培养为目标，通过典型工作任务分析，构建一体化课程教学体系，并以具体工作任务为学习载体，按照工作过程和学生自主学习要求设计安排教学活动。在进行改革的过程中，广州市工贸技师学院根据经验，编写了相应的教材以辅助学生学习。

一体化课程教材的编写过程，体现了“以职业能力为培养目标，以具体工作任务为学习载体，按照工作过程和学生自主学习要求设计安排教学活动、学习活动”的一体化教学理念，遵循能力本位原则、学生主体原则、符合课程标准原则、理论知识“适用、够用”原则、可操作性原则。该教材按照工作过程、学习过程编写，工作过程与学习过程分两条线，各自成体系，又相互对应、密切配合。基于工作过程的教材站在教学的角度编写，呈现结构清晰完整的工作过程，介绍全面系统的工作过程知识，具体解决做什么、怎么做的问题；基于学习过程的教材站在学习与工作同时进行的角度编写，紧紧围绕基于工作过程的教材，设计体系化的引导问题，具体解决学什么、怎么学、为什么这么做、如何做得更好的问题。

本教材共有三个任务：汽修企业商务文件创建、足球联赛管理机构商务文件创建、物流供应链管理系统建模。学生在实训过程中，通过对企业的背景调研、市场调研、可行性分析，完成企业信息化的用户需求分析、数据库设计、系统设计、软件开发、软件测试。

学生通过完成本教材的各项工作任务，应具备软件开发与设计的用户需求设计、详细设计等一系列软件开发所需要具备的设计能力，掌握Office办公软件文件设计能力以及Visio系统建模、界面设计模型的能力，在完成任务的过程中养成良好的职业素养。

作　者

2018年6月

Contents

目　录

第一章　商务文件创建课程描述

一、典型工作任务

商务文件是指为满足商务软件应用企业的运行和管理需要，利用办公软件创建的文件。办公软件是指文字处理、表格制作、幻灯片制作等用途的办公应用软件，通常包括 Word、Excel、PowerPoint 和 Visio。

商务软件开发人员在软件开发过程中，需要使用办公软件进行文档编制与处理，数据统计与分析，演示文稿设计与制作，绘制功能结构图、流程图、组织架构图等；UML 建模技术是为演示和开发准备前期创建模型，做为开发人员与客户确认系统数据流程和数据结构的关系模型，因此商务软件开发从业人员需要根据企业的需求，创建相应的商务文件和模型。

商务软件开发人员从主管处领取任务书，与主管沟通确认细节要求和交付标准，制订工作计划书，收集整理相关资料，按照任务书要求使用办公软件录入信息，设置格式，完成文稿排版、数据统计分析、演示文稿制作和绘制图表等工作；工作过程中，严格执行企业作业规范和保密条例，必要时参阅办公软件帮助文档，核对内容与格式无误后交付主管确认验收，根据主管反馈意见对商务文件进行修改，并填写工作日志。

二、职业能力要求

完成本工作任务后，学生能使用整套 Office 办公软件完成文字处理、表格制作、幻灯片制作、数据分析，以及流程图、组织架构图绘制等任务，养成良好的职业素养。具体目标为：

（1）能与主管和用户有效沟通，明确用户需求。

（2）在使用 Excel 软件时，能够根据要求创建、修改工作簿，灵活应用 Excel 的格式编排、排序、筛选、公式函数、数据分析图等功能。

（3）在使用 Word 软件时，能够按照要求对文稿进行格式编排，能够创建和编辑表格、图表、绘图。

（4）在使用 PowerPoint 软件时，能够根据任务要求创建演示文稿，使用不同的文字效果、多媒体元素和动画效果。能够在演示文稿中插入各种图表、导入数据或添加媒体文件。

（5）能够使用 Visio 软件绘制基本功能架构图、业务流程图和组织架构图。

（6）能够运用不同的信息搜集手段，对完成任务需要用到的企业信息进行搜集和整理。

（7）能根据任务需求的描述，设计数据表（包括 E－R 图、逻辑关系、结构关系、主外键确定）。

在完成任务的过程中，体现良好的职业素养，同时自觉遵守自身企业和用户企业的管理规范和工作流程。

三、学习内容

1. Excel 技能

（1）根据任务要求使用公式函数。

（2）创建、修改工作簿及对工作簿进行格式编排（使用所有的 Excel 的格式功能，包括条件性的格式编排）。

（3）应用 Excel 的数据排序、数据筛选和内置等功能。

（4）应用数据透视图分析数据。

2. Word 技能

（1）根据要求，运用文字、段落、页面和整篇文档进行格式编排。

（2）创建、编辑表格或图表。

（3）使用索引、字母、目录、参考文献、脚注和尾注。

3. PowerPoint 技能

（1）创建及修改幻灯片模板。

（2）使用文字效果。

（3）导入数据（文字、工作表、图表等）。

（4）添加多媒体元素（音频、视频、动画等）。

4. Visio 技能

（1）绘制基本功能结构图。
（2）绘制业务流程图。
（3）绘制组织架构图。
（4）使用字体效果、图形、线条。

5. 搜索信息技巧

（1）根据要求分析所需要的技能，在学习环境中寻找有帮助的信息来完成任务。
（2）能使用互联网搜索技术，准确使用关键词快速搜索有用的资料。

6. 设计数据表

能根据所给的任务需求，设计数据表（包括 E－R 图、逻辑关系、结构关系、主外键确定）。

7. UML（Unified Modeling Language）建模技术

UML 建模技术是一种建模语言，指用各类元素来组建整个系统的模型，模型元素包括系统中的类、类和类之间的关联、类的实例相互配合实现系统的动态行为等，在本书的工作任务中主要用了活动图、用例图、序列图、状态图、类图、协作图和数据建模。

四、学习任务

参考性学习任务如表 1－1 所示。

表 1－1　参考性学习任务

序号	任务名称	学时
1	汽修企业商务文件创建	20
2	足球联赛管理机构商务文件创建	20
3	物流供应链管理系统建模	40

五、任务组织

1. 任务组织概况

建议在真实工作情境或模拟工作情境下运用行动导向教学理念实施教学，采取个人或3~6人一组的分组教学形式，并在学习和工作过程中注重学生职业素养的培养。

2. 配备资源

（1）场地与设备。

建议配置可连接互联网的通用型计算机环境，实训室必须有良好的照明和通风设备，场地具有集中教学区、分组讨论区、学生成果展示区。通用型计算机需配备安装Office系列办公软件，包括Word、Excel、Visio、PowerPoint。

（2）工具与材料。

建议按工位配置任务书、计算机、工作日志模板、验收报告模板、草稿纸。

（3）教学资料。

建议教师课前准备真实的企业任务书、工作页、工作日志模板、验收报告模板等教学资料，必要时向学生提供模板。

六、考核模式

课程结束后对学生的办公软件应用能力、逻辑思维能力、演讲表达能力、总结归纳能力进行考核。建议采用过程性评价和终结性评价相结合的方式进行教学考核，过程性评价占总成绩的30%，终结性评价占总成绩的70%。

1. 过程性评价

建议采用自我评价、小组评价和教师评价相结合的方式进行，评价内容可包括学生的工作态度、职业素养、工作与学习成果等。

2. 终结性评价

建议采用学生未学过且与已学过的学习任务难度相近的办公软件应用工作任务为载体，要求学生完成该工作任务以考核学生商务文件创建能力，终结性评价依据为学生作品展示。

七、考核任务案例：旅行社商务文件创建

1. 任务描述

某旅行社在扩大规模、规范管理和扩大品牌效应的过程中，需要生成一系列商务文件，如官方信封及信笺、员工的工资数据表、旅行社宣传单，还需要明确企业的管理规范、各项工作流程和组织架构等。请根据需求构建需求功能的流程图及完成描述表。

2. 考核方案

（1）考核要点。

①根据该企业的真实情况，使用 Visio 软件画出正确的业务流程图和组织架构图（10%）。

②用互联网等信息搜集手段进行相关信息搜集，创建文件夹储存信息（5%）。

③用 Word 软件完成对以上企业文件的文本排版、表格创建、编辑和绘制、对象的插入等操作（20%）。

④用 PowerPoint 软件制作演示文稿，完成导入数据、添加多媒体元素、添加多媒体文件等操作（10%）。

⑤用 Excel 软件创建和编辑工作表，运用公式、条件、数据透视表进行数据分析（20%）。

⑥所有交付用户的成果必须符合用户的要求（30%）。

⑦任务过程中体现应有的职业素养（5%）。

（2）评分标准。

按照企业对使用 Word、Excel、PowerPoint、Visio 等工具完成的任务要求进行评分。

（3）过程性测评模式（30%）（说明：权值按学时比例计算）。

①输出成果（70%）。

②平时考勤（10%）。

③学习态度（20%）。

（4）终结性测评模式（70%）。

①学生（小组）展示作品：PPT 讲解，作品演示（70%）。

②学生答辩，任课教师提问（30%）。

③任课教师输出终结性测评分数。

（5）参与测评人员。

过程性测评和终结性测评人员均为任课教师。

（6）参考资料。

完成上述任务时，学生可以使用工作页、互联网、教材、网络资源等教学资料。

第二章　工作任务

一、工作任务一：汽修企业商务文件创建

1. 任务背景

中国作为一个新兴的汽车生产和消费大国，为汽车维修市场带来了无限的商机，同时，外来资本、技术以及先进的生产管理和经营理念的进入又加剧了维修企业间的竞争。在机遇和挑战面前，立足行业发展并保持竞争优势显得尤为重要。

2014 年 9 月 18 日，交通运输部、国家发展改革委、国家工商总局、国家质检总局、中国保监会等 10 部门联合印发了《关于促进汽车维修业转型升级、提升服务质量的指导意见》(以下简称《意见》)，《意见》立足于促进汽车维修行业转型升级、改善提升维修服务两大方面，共提出 21 条措施。《意见》最大的亮点在于主张破除汽车配件渠道垄断，突出市场化机制。

此次《意见》最大的创新和突破之处在于破除配件及技术垄断，主要集中在以下几个方面：

①要求主机厂向维修企业和独立经营者公开汽车维修技术。

②允许原厂配件自由流通。

③提出“同质配件”。

④授权维修企业不得以汽车在“三包”期限内选择非授权维修服务为理由拒绝提供维修服务。

整体方针是创造汽车维修领域的市场化机制，提供多样性服务和提升消费者自主选择权，促进行业健康发展。

《意见》鼓励模式创新，鼓励行业向连锁化、规模化发展。同时，《意见》鼓励以信息技术、移动互联网为载体的模式创新，如配件电商、O2O 维修服务等；鼓励维修行业向连锁化、规模化、专业化、品牌化方向发展，以满足消费者便利化、个性化、多样化的维修需求。

2015年9月29日，由交通运输部、环境保护部、商务部、国家工商总局、国家质检总局、国家认监委、国家知识产权局、中国保监会联合制定的《汽车维修技术信息公开实施管理办法》（以下简称《办法》）正式发布。《办法》明确规定了实施汽车维修技术信息公开制度的时间要求。要求汽车生产者向维修经营者、消费者及相关经营者公开所销售汽车的维修技术信息，以此打破4S店对这一领域的技术垄断，消除市场不公平竞争。

《办法》指出，为积极、稳妥实施汽车维修技术信息公开制度，对于各类型汽车车型的具体实施时间按下列规定执行。

一是各汽车生产者应在2015年12月31日前，向交通运输部备案其汽车维修技术信息公开的有关信息。

二是对于新老车型的规定。对于“新车型”，汽车生产者自2016年1月1日起，对于取得CCC认证的乘用车和客车，要在车型上市之日起6个月内公开维修技术信息；自2017年1月1日起，对于取得CCC认证的货车和半挂牵引车，要在车型上市之日起6个月内公开维修技术信息。对于“老车型”，汽车生产者要在2017年1月1日前，公开2008年7月1日后取得CCC认证并上市销售的乘用车和客车的维修技术信息，同时公开2015年1月1日后取得CCC认证并上市销售的货车和半挂牵引车的维修技术信息。

三是截至2016年12月31日，单一车型累计销售量未达到1 000辆（不含）的乘用车，以及单一车型累计销售量未达到200辆（不含）的客车、货车、半挂牵引车，可以向交通运输部申请不上网公开相关车型维修技术信息，但应以纸质文件、数据光盘等媒介形式公开，并以公众便于知晓的方式公布索取方式。

2015年以来，由交通部主导，已连续推出《机动车维修管理规定》（交通运输部令2015年第17号）、《汽车维修业开业条件》（GB/T 16739—2014）和《汽车维修技术信息公开实施管理办法》三大文件，分别涉及同质配件、维修企业开业规范和信息公开三大方面。

至此，政策已经基本为后续维修保养领域的市场化铺平道路，这需要各部门及地方政府主管部门的积极配合。

2. 任务介绍

在我国汽车保有量日益剧增、汽车新技术层出不穷、汽车维修市场竞争不断加剧的今天，我国的汽车维修企业迎来了前所未有的发展机遇和挑战。受此汽修行业发展趋势的影响，工贸汽车维修服务有限公司为了能在未来激烈竞争的市场中保持竞争优势，根据自身发展战略及业务需求，提出汽车维修管理系统的开发任务。

汽车维修管理系统是根据工贸汽车维修服务有限公司的工作性质和特点而设计的。要求实现如下目标：

（1）具备信息的完整性。系统的基础是数据信息，只有准确无误的信息才能保证业务人员做出正确的决策。因此系统设计必须加强基础信息的完整性，并且整个系统在功能、数据安全、基础信息维护等方面应有充分的保障。

（2）具备实用性。汽车维修管理系统面向企业实际应用且针对性强。其开发的主要目的是取代低效率的工作。因此在进行系统开发的同时必须考虑业务人员的使用习惯，如界面简洁、功能易用、易于维护。应以满足实用需求为前提，注重系统的功能及性能，并为未来随着业务量增加及系统升级预留接口，充分考虑系统的可扩充性和兼容性。

（3）具备高效稳定性。汽车维修管理系统要求运行速度快、效率高，能有效防止或纠正各种人为操作错误，保证数据的完整性，且能确保长时间运行的稳定性和可靠性。

（4）具备灵活性。在系统的设计初期就应该考虑灵活性问题，实现在完成基本功能的基础上，做到单个模块既独立使用又可相互管理操作。

（5）具备安全性。使用系统的相关人员必须是经过合法的授权，以及严格的身份验证流程。根据其权限的级别来分配使用系统的某些功能和数据，防止信息泄露或者非法侵入。

（6）人性化设计。汽车维修管理系统的界面设计应符合办公应用要求，具备界面清晰、风格统一、功能完善、易于操作、方便维护等特点。

一套优秀的管理系统能帮助企业提升内部管理水平和层次，实现管理目标，建立竞争优势，以增强企业在市场上的竞争能力。基于这一点，汽车维修管理系统的开发是非常必要的，并且迫在眉睫。

3. 任务要求

（1）根据任务背景及介绍，编写汽车企业维修管理系统需求规格说明书。

（2）需求规格说明书内容必须具备系统的实体关系图描述。

（3）需求规格说明书内容必须具备系统的功能结构图。

（4）需求规格说明书内容必须具备系统各功能模块的设计描述。

（5）按任务内容要求填写需求规格说明书。

（6）按任务成果清单要求命名文件或文件夹。

4. 任务成果清单

任务成果清单如表 2-1 所示。说明：所有文件保存在服务器 AutoRepairingSystem_××文件夹（××为学号）。

表 2－1 提交作品要求表

序号	内容	命名	备注
1	汽车维修管理系统需求规格说明书	ARS_Specification_××.docx	××为学号
2	汽车维修管理系统介绍	ARS_Introduction_××.pptx	××为学号

5. 知识和技能要求

在完成此任务之前，需要掌握软件开发的基本知识和技能要求，如表 2－2 所示。

表 2－2 知识和技能要求

序号	知识	参考资料	备注
1	软件需求规格说明书编写格式	《工程应用文档编辑案例》	能够根据工作任务，填写需求文档、创建数据表、绘制 E－R 图
2	汽车维修企业业务知识	网上搜索汽车维修软件的功能及业务流程	能够分析汽修企业业务知识；根据业务流程及逻辑关系设计软件功能、绘制功能结构图，编写需求说明书
3	熟练操作常用办公软件，如 Word、Excel、PowerPoint、Visio、界面简易作图工具	《Office 2017 操作》《Visio 2007 宝典》《数据库》	使用办公软件创建相应的需求文档；应用作图工具完成界面设计模型

6. 任务内容

6.1 商务文件创建（Business file creation）

熟读任务背景及介绍，了解任务相关的业务知识并创建第一个文档。

在此阶段，你需要完成如下工作要求：

（1）在你所在的电脑磁盘创建一个文件夹，命名为 AutoRepairingSystem_××，其中××为你的学号，如图 2－1 所示。

（2）在该文件夹下，创建一个 Word 类型文档，文档名称为：ARS_Specification_××，其中××为你的学号，如图 2－2 所示。

（3）打开你所创建的文档，输入“汽车维修管理系统”，并保存文件，如图 2－3 所示。

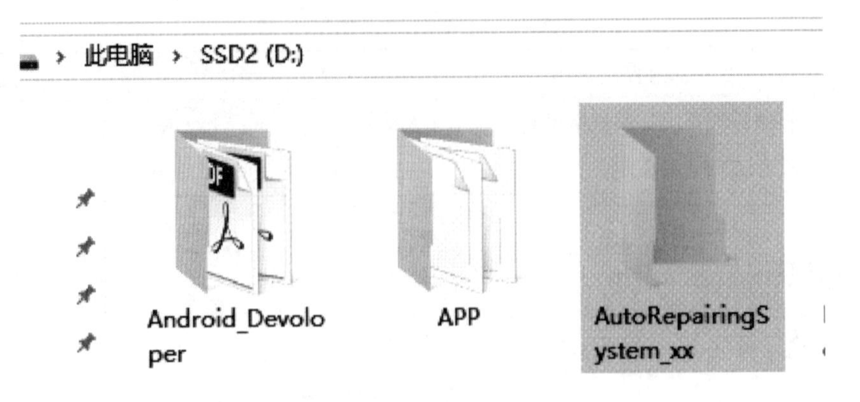

图 2－1　创建文件夹

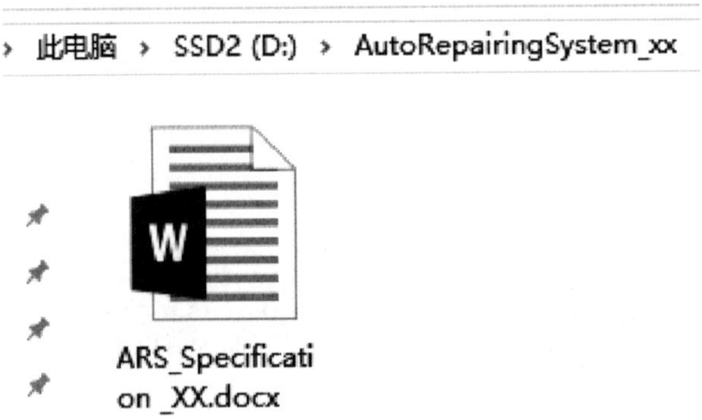

› 此电脑 › SSD2 (D:) › AutoRepairingSystem_xx

ARS_Specification _XX.docx

图 2－2　创建 Word 类型文档

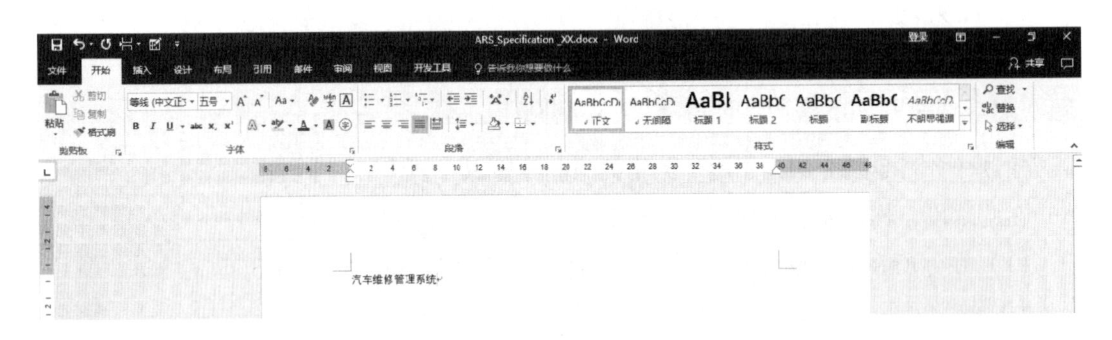

图 2－3　在文件中输入内容

此阶段完成后，将成果文件（汽车维修管理系统需求规格说明书）保存为 ARS_Specification_××. docx，并存放到指定的位置，其中××为你的学号。

6.2 创建文档首页（Create home page）

在首页，即文档的第一页面，通常用标题、日期或图片来表示文档类型信息。

在此阶段，为汽车维修管理系统需求规格说明书文档创建首页，并满足如下要求：

（1）必须包含“汽车维修管理系统”等字样的标题信息，标题要求使用宋体二号字，并且居中显示。如图2－4所示。

（2）必须包含“项目编号”等字样的标题信息，标题要求使用宋体小四号字，并且居中显示，如图2－4所示。

（3）必须包含“需求规格说明书”等字样的标题信息，标题要求使用宋体一号字，并且居中显示，如图2－4所示。

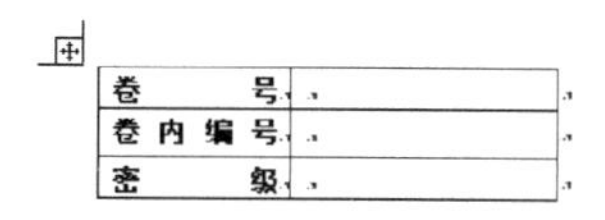

卷　　号	
卷内编号	
密　　级	

项目编号: GZITTC20170815

<汽车维修管理系统>

需求规格说明书

Version: 1.0

项目承担部门：商务软件开发部

撰写人（签名）：

完成日期：2017年8月23日

本文档使用部门：■主管领导　■项目组

■客户（市场）　□维护人员　■用户

评审负责人（签名）：

评审日期：

图2－4　需求规格说明书首页

（4）左上角必须包含一个用于展示文档级别的表格。表格为三行两列，包含卷号、卷内编号和密级等信息，表格字体应为宋体 10 磅字体，如图 2－4 所示。

（5）应包含项目承担部门、撰写人（签名）、完成日期和本文档使用部门等相关信息。这些信息应该靠左排列，但缩进不应该小于 6 毫米。字体使用楷体小三号，如图 2－4 所示。

（6）本文档使用部门应该包含主管领导、项目组、客户（市场）、维护人员、用户等选项信息，选项信息字体使用楷体 10 磅字体。并且选项信息前面应该有选项方框，选中状态使用实心方框，未选状态使用空心方框，如图 2－4 所示。

（7）应该包含评审负责人（签名）和评审日期等信息，该信息应该靠左排列，缩进不应该小于 6 毫米。字体使用楷体小三号，如图 2－4 所示。

（8）应该包含版本信息，版本信息字体使用 Arial 小四号，如图 2－4 所示。

（9）应该包含 Logo 图片，并显示于页面右下角，如图 2－4 所示。

（10）所有信息按图 2－4 所示格式排版。

此阶段完成后，需要将文档保存，以便下一次增加和完善时使用。

6.3 创建文档目录大纲（Create directory outline）

大纲即总纲、要点，特指总领全篇的重点所在，一般指著作、讲稿、计划等经系统排列的内容要点，并且具有一定的顺序性、逻辑性。目录则是指书籍正文前所载的目次，是揭示和报道图书的工具。

在此阶段，你需要为汽车维修管理系统需求说明书编制大纲内容及目录，遵循以下风格及要求：

（1）大纲内容应分为 6 个部分，包括前言、可行性分析、项目开发计划、需求分析、概要设计和详细设计。此部分内容为一级标题，采用宋体小二号加粗字体，如图 2－5 所示顺序排版。

前言

第一部分　可行性分析

第二部分　项目开发计划

第三部分　需求分析

第四部分　概要设计

第五部分　详细设计

图 2－5　一级标题内容

（2）一级标题“可行性分析”下应该包含3个二级标题，分别是问题描述、可行性分析研究和结论意见。二级标题需要使用标题编号，采用宋体三号加粗字体，并按图2-6所示顺序排版。

（3）二级标题的标题编号应该是按照所在章节的顺序来排列的。比如第一部分第一小节，编号为1.1；如果是第二部分第一小节，则编号应为2.1，如图2-6所示。

（4）一级标题“项目开发计划”下应该包含4个二级标题，分别是编写目的、项目背景、项目概述和项目开发计划。二级标题应使用合适的标题编号，采用宋体三号加粗字体，并按图2-6所示顺序排版。

前言

第一部分　可行性分析

1.1　问题描述

1.2　可行性分析研究

1.3　结论意见

第二部分　项目开发计划

2.1　编写目的

2.2　项目背景

2.3　项目概述

2.4　项目开发计划

图2-6　二级标题内容

（5）一级标题“需求分析”下应该包含2个二级标题，分别是任务需求分析，数据流、数据字典及实体关系图。二级标题应使用合适的标题编号，采用宋体三号加粗字体，并按图2-7所示顺序排版。

第三部分　需求分析

3.1　任务需求分析

3.2　数据流、数据字典及实体关系图

图2-7　第三部分的二级标题

（6）一级标题“概要设计”下应该包含5个二级标题，分别是总体设计、系统功能结构图、数据库概要设计、数据库逻辑结构设计和连接数据库的特点。二级标题应使用合适的标题编号，采用宋体三号加粗字体，并按图2－8所示顺序排版。

（7）一级标题“详细设计”下应该包含4个二级标题，分别是系统主要功能实现、程序流程图、用户界面设计和软件测试。二级标题应使用合适的标题编号，采用宋体三号加粗字体，并按图2－8所示顺序排版。

第四部分 概要设计

4.1 总体设计

4.2 系统功能结构图

4.3 数据库概要设计

4.4 数据库逻辑结构设计

4.5 连接数据库的特点

第五部分 详细设计

5.1 系统主要功能实现

5.2 程序流程图

5.3 用户界面设计

5.4 软件测试

图2－8 第四、第五部分的二级标题

（8）创建三级标题，其中三级标题对应的内容和位置如表2－3所示，根据表格内容将对应的三级标题填写到相应的位置。

表2－3 三级标题对应的内容和位置

位置	内容
可行性分析研究	技术可行性 经济可行性 操作可行性
数据流、数据字典及实体关系图	数据流图 数据字典 实体关系图

（续上表）

位置	内容
系统主要功能实现	车辆管理模块 维修管理模块 采购管理模块 客户管理模块
用户界面设计	一般交互设计 信息显示设计 输入界面设计
软件测试	测试方法 测试步骤

（9）三级标题要求使用四号宋体加粗字体，并包含有对应标题编号，如图2－9所示。

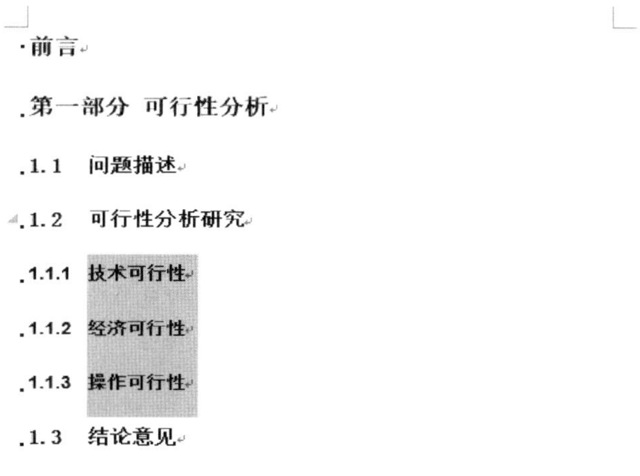

前言

第一部分　可行性分析

1.1　问题描述

1.2　可行性分析研究

1.1.1　技术可行性

1.1.2　经济可行性

1.1.3　操作可行性

1.3　结论意见

图2－9　三级标题内容

（10）三级标题编号应该符合对应章节结构，并按顺序呈现，如图2－10所示。

·第五部分 详细设计

.5.1 系统主要功能实现

.5.1.1 车辆管理模块；

.5.1.2 维修管理模块；

.5.1.3 采购管理模块；

.5.1.4 客户管理模块；

.5.2 程序流程图

.5.3 用户界面设计

.5.3.1 一般交互设计；

.5.3.2 信息显示设计；

图 2－10 三级标题编号格式

（11）完成以上要求后，需在首页末端插入一个分节符，实现文档章节的区分；分节符一般不显示于 Word 文档的插入工具栏，因此需要通过文件选项—快速访问工具栏—自定义快速访问工具栏选项进行设置，如图 2－11 所示。即可通过左上角的工具栏进行操作，如图 2－12 所示。

图 2－11 Word 快速访问工具栏选项

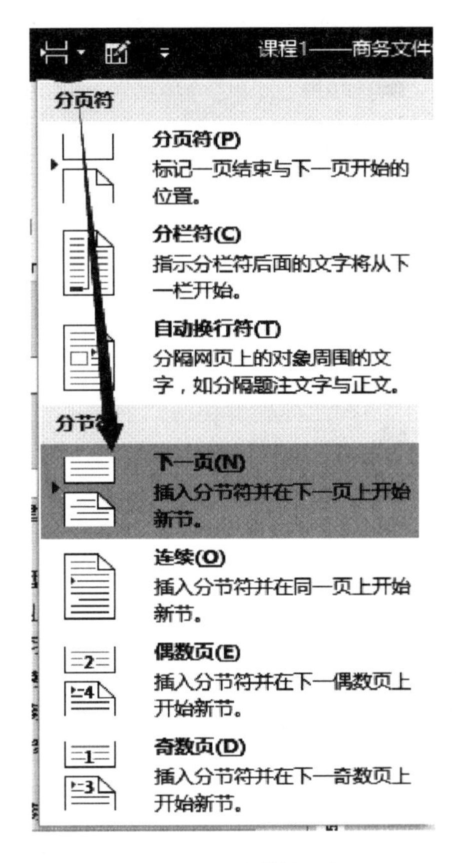

图 2－12　分节符工具

（12）为了能够在文档第二页上显示目录，要求在插入分节符后的第二页上，再次插入一个分页符。分页符操作可通过插入工具栏的分页工具实现，如图 2－13 所示。或者通过所设置的快捷工具栏实现，如图 2－14 所示。

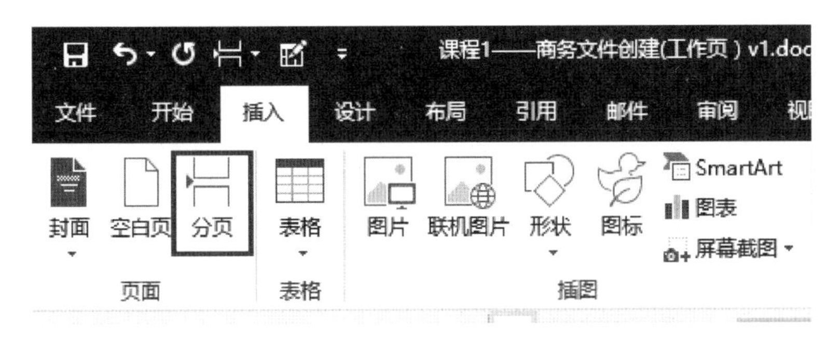

图 2－13　分页符工具

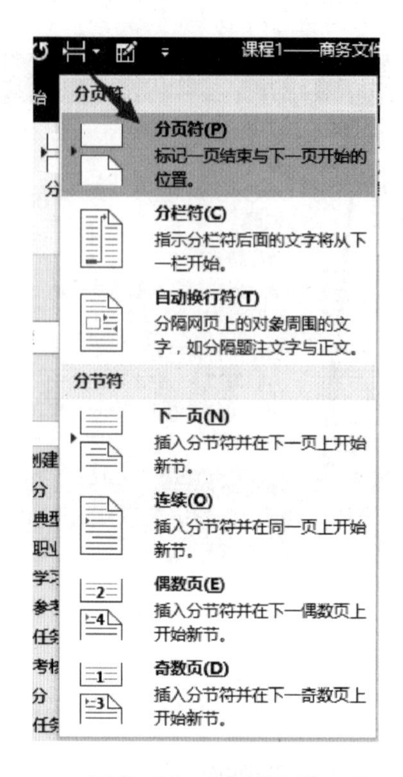

图 2-14 分页符工具

（13）完成分页后，需在新的页面上引用目录。目录要求采用正式目录格式，并显示至少三级的标题信息，页面右对齐显示，如图 2-15 所示。目录生成后，需要在生成的目录前插入目录内容，应为宋体三号加粗字体，居中显示，如图 2-16 所示。

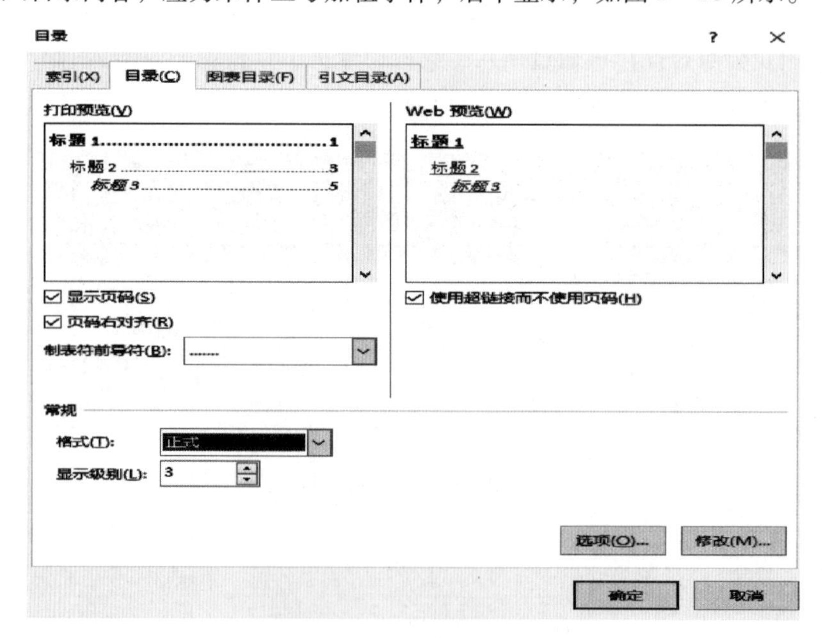

图 2-15 目录格式

目　　录

前言 4
第一部分 可行性分析 4
1.1　问题描述 4
1.2　可行性分析研究 4
1.1.1　技术可行性 4
1.1.2　经济可行性 4
1.1.3　操作可行性 4
1.3　结论意见 4
第二部分 项目开发计划 4
2.1　编写目的 4
2.2　项目背景 4
2.3　项目概述 4
2.4　项目开发计划 4
第三部分 需求分析 5
3.1　任务需求分析 5
3.2　数据流、数据字典及实体关系图 5
3.2.1　数据流图； 5
3.2.2　数据字典； 5
3.2.3　实体关系图； 5
第四部分 概要设计 5
4.1　总体设计 5
4.2　系统功能结构图 5
4.3　数据库概要设计 5

图 2－16　目录内容样式

此阶段完成后，需要保存成果文件，以便后续编辑和使用。

6.4　完善文档内容（Improve document content）

一个完整的文档除了封面、目录、大纲，应该还包含详尽的内容。

此阶段，在已经编写好标题大纲的汽车维修管理系统需求说明书基础上，完善需求说明书文档的内容，应满足如下要求：

（1）完善前言部分，要求使用正文格式，采用宋体小四号字体，并且有段落缩进，如图 2－17 所示。

·前言↵

当今我国汽车工业迅速发展，汽车维修成为极具潜力的行业。但该行业在信息化建设上与发达国家存在一定差距。随着科技的发展及电脑的普及与使用，现代式的管理也提升了一个档次，渐渐实现了无纸化办公。即从原来的人工记录管理模式转变为电脑一体化管理。基于这一点，开发汽车维修管理软件是很有必要。汽车维修管理系统就是要实现汽车维修业务向信息处理全面化、故障诊断专家化、人员培训网络化方向发展。↵

汽车维修管理系统是根据汽车维修公司的工作性质和特点而设计的。本系统主要记录车辆信息、维修记录、维修项目信息、维修配件及材料信息。同时维修记录管理可以对记录进行增加、修改、删除、及打印功能。车辆信息中包括车辆的基本信息、车辆维护中包括客户单位管理、车辆信息管理、车辆维修记录。采购管理包括对车辆配件的采购管理及配件供应商的管理。这个系统实现满足多种条件的统计分析功能，有些统计数据采用图表的格式呈现；在这个系统开发的过程中运用了软件工程的基本概念、相关技术和方法。并且采用↵
了系统生命周期的结构化程序设计方法。从而使得每个子系统开发的各阶段（系统分析、系统设计、系统实施）的基本活动贯穿起来。↵

图 2－17　前言内容格式

（2）完善第一部分的问题描述内容，要求使用正文格式，采用宋体小四号字，并且有段落缩进，如图 2－18 所示。

·第一部分 可行性分析↵

.1.1　问题描述↵

在我国汽车保有量日益剧增、汽车新技术层出不穷、汽车维修市场竞争不断加剧的今天，我国的汽车维修企业迎来了前所未有的发展机遇和挑战。受此汽修行业发展趋势的影响，工贸汽车维修服务有限公司为了能在未来激烈竞争的市场中保持竞争优势。根据自身发展战略及业务需求，提出汽车维修管理系统的开发任务。↵

汽车维修管理系统是根据工贸汽车维修服务有限公司的工作性质和特点而设计的。以帮助企业提升内部管理水平和层次，实现管理目标，建立竞争优势和增强企业在市场的竞争能力。基于这一点，汽车维修管理系统的开发非常必要且迫在眉睫。↵

图 2－18　问题描述内容格式

（3）完善第二部分的项目概述内容，要求使用正文格式，采用宋体小四号字，并且有段落缩进，如图 2－19 所示。

（4）项目概述内容包含工作内容、条件与限制、产品和验收标准 4 个部分，需要为这 4 个部分内容加入编号。编号格式要求如图 2－19 所示。

（5）按照图 2－19 所示要求，在产品部分插入 2 个小点内容，内容同样使用编号，并按图示格式显示。

.2.3　项目概述

1、工作内容

让计算机对仓库货物进行自动管理，用户可以直接在计算机上实现库存货物的信息管理，并能在一定程度上实现自动化。

2、条件与限制

开发该软件的条件比较简单　以开发单位目前的经济与技术条件已完全具备开发的条件。该系统可在用户要求的期限内完成。

3、产品

1）软件

软件主要是完成之后的可执行文件，能够使用户方便的使用。

2）文档

文档内容包括系统介绍、使用说明、测试计划及结果等。

4、验收标准

软件的验收标准完全由用户提出的软件需求制定　能保证软件的基本符合用户的要求。

图 2－19　项目概述格式

（6）将以下这段话填写到汽车维修管理系统需求规格说明书的第三部分第二单元第一小节，并按照如图 2－20 所示的格式要求。

数据流图由四种基本的元素构成：数据流（Data Flow）、处理（Process）、数据存储和数据源（数据终点）。数据流（Data Flow）：为具有名称且有流向的数据，用标有名称的箭头表示，一个数据可以是记录、组合项或基本项；处理（Process）：表示对数据所进行的加工和变换，在图中用矩形框表示。指向处理数据流为该处理的输入数据，离开处理的数据为处理的输出数据。数据存储：表示用文件方式或数据库形式所存储的数据，堆砌进行的存取分别以指向或离开数据存储的箭头表示。数据源及数据终点：表示数据的来源或数据的去向，可以是一个组织或人员。它处于系统范围之外，所以又称它为外部实体。它是为了帮助理解系统界面而引入的，一般只出现在数据流图的起点和终点。汽车维修管理系统的数据流图如图 3－1 所示。

3.2.1 数据流图

数据流图由四种基本的元素构成：数据流（Data Flow）、处理（Process）、数据存储和数据源（数据终点）。

- **数据流（Data Flow）**：为具有名称且有流向的数据，用标有名称的箭头表示，一个数据可以是记录、组合项或基本项；
- **处理（Process）**：表示对数据所进行的加工和变换，在图中用矩形框表示。指向处理数据流为该处理的输入数据，离开处理的数据为处理的输出数据。
- **数据存储**：表示用文件方式或数据库形式所存储的数据，堆砌进行的存取分别以指向或离开数据存储的箭头表示。
- **数据源及数据终点**：表示数据的来源或数据的去向，可以是一个组织或人员。它处于系统范围之外，所以又称它为外部实体。它是为了帮助理解系统界面而引入的，一般只出现在数据流图的起点和终点。汽车维修管理系统的数据 流图如图 3-1 所示。

图 2-20　数据流图内容格式

（7）数据流图的排版应该符合风格要求，内容字体为正文宋体小四号，内容的括号和标点符号都应该是中文格式。每个内容小点前面应该插入项目符号，并加粗前面几个字体，如图 2-20 所示。

（8）使用 Visio 或者 PowerPoint 按照图 2-21 的样式绘制一张流程图，并转换成图片，插入图片到数据流图内容的最后位置，并添加图片说明，居中显示，如图 2-22 所示。

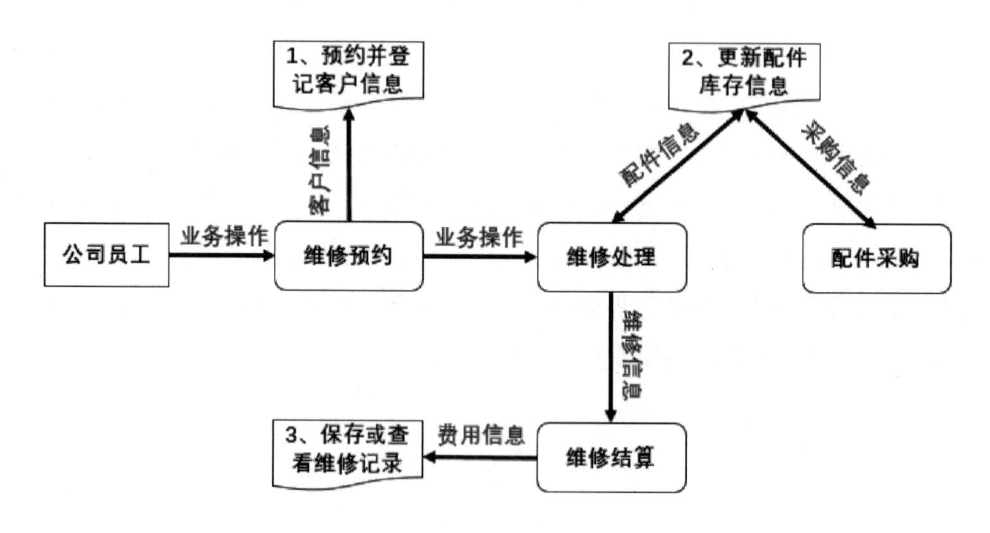

图 2-21　数据流图样式

➢ **数据源及数据终点：**表示数据的来源或数据的去向，可以是一个组织或人员。它处于系统范围之外，所以又称它为外部实体。它是为了帮助理解系统界面而引入的，一般只出现在数据流图的起点和终点。汽车维修管理系统的数据流图如图 3-1 所示。↵

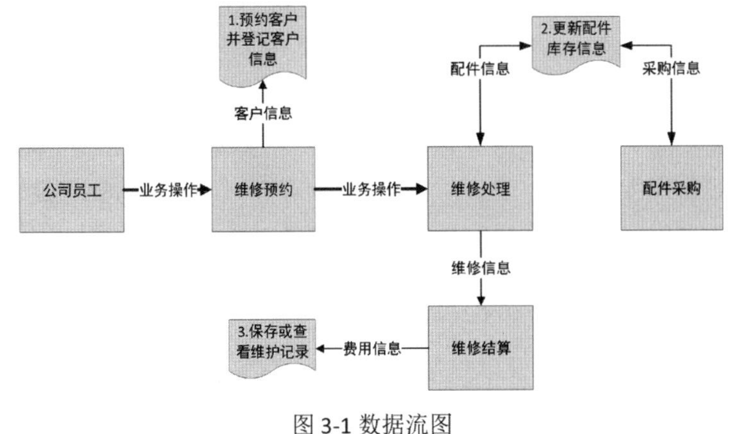

图 2－22　文档图片显示格式

此阶段完成后，需要将成果文件保存并提交到指定的位置。

6.5　表格与特殊字符（Tables and special characters）

在文档的编写过程中，为了使内容更加清晰和直观，需要添加一些表格和特殊符号进行描述。在此阶段，须在汽车维修管理系统需求说明书的基础上完善并丰富文档内容，应遵循并满足以下要求：

（1）完善第四部分第四点内容，以完成数据库的逻辑结构设计。

（2）将下面这段话放到数据库逻辑结构设计下。要求正文格式显示，使用宋体小四号字体，并有段落缩进，如图 2－23 所示。

在数据库设计中，相当重要的一步就是将概念模型转化为计算机上 DBMS 所支持的数据模型。例如将 E－R 图模型转化为关系模型，道理很简单，我们设计概念模型基本上都是一些抽象的关系，在数据库设计的实现过程中，在计算机上有效地表示出这些关系就成了数据库设计的关键。在本项目，根据汽车维修管理系统的业务功能要求，选取了 SQL Server 2017 作为系统的后台数据库。并依据上面的实体和实体之间的 E－R 图设计，形成数据库中的表格及表格之间的关系，如表 4－1 到 4－4 所示。

（3）按照图 2－24 到图 2－28 所示的内容，依次将数据表格绘制到数据库逻辑结构设计内容后面，如图 2－29 所示。

（4）表格内容要求按以下格式显示，如图 2－29 所示。

①表格应居中显示，并且包含表格描述。

②所有内容在单元格居中显示。

③表格标题居中显示，并且有独特的背景颜色填充。

④表格的中文字体应该为宋体小四号，英文及数字则使用 Arial 小四号。

⑤表格内容（即行数、列数）应该符合数据字典的要求。

在数据库设计中，需要有很关键的一个步骤，就是把概念模型转化为计算机语言，例如由 E－R 模型图为数据库的设计关键逻辑关系，建立数据库。本项目中，根据汽车维修管理系统的业务功能要求，选择了 SQL Server 2017 作为系统的后台数据及表格之间的关系，如图 2－30 所示，建立具有逻辑关系的数据表。

4.4 数据库逻辑结构设计

在数据库设计中，相当重要的一步就是将概念模型转化为计算机上 DBMS 所支持的数据模型。例如将 E-R 图模型转化为关系模型，道理很简单，我们设计概念模型基本上都是一些抽象的关系，在数据库设计的实现过程中，在计算机上有效地表示出这些关系就成了数据库设计的关键。在本项目，根据汽车维修管理系统的业务功能要求，选取了 SQL Server 2014 作为系统的后台数据库。并依据上面的实体和实体之间的 E-R 图设计基础上，形成数据库中的表格及表格之间的关系如表 4-1 到 4-4 所示。

图 2－23　数据库逻辑结构设计内容格式

表 4-1 车辆信息表(autoinfo)

字段名	字段类型	长度	主/外键	字段值约束	对应中文名
A_id	varchar	5	P	Not null	车辆编号
A_dept	varchar	20			客户单位名称
A_name	varchar	10			联系人姓名
A_phone	varchar	12			联系电话
A_chex	varchar	10			车型
A_autonum	varchar	10			车牌号
A_addr	varchar	20			客户地址
A_others	varchar	30			备注

图 2－24　车辆信息表数据字典

表 4-2 库存信息表(store)

字段名	字段类型	长度	主/外键	字段值约束	对应中文名
S_id	Varchar	10	P	Not null	配件编号
S_name	Varchar	10			配件名称
S_spec	Varchar	20			规格
S_num	Int				库存数
S_cost	Float				成本价
S_price	Float				销售价
S_position	varchar	10			仓位

图 2－25　库存信息表数据字典

表 4-3 公司员工表(operator)

字段名	字段类型	长度	主/外键	字段值约束	对应中文名
Op_id	varchar	8	P	Not null	员工编号
Op_name	Varchar	10		Not null	姓名
Op_title	Varchar	10			职位
Op_pwd	Varchar	8			密码
Op_phone	varchar	12			联系电话

图 2－26　公司员工表数据字典

表 4-4 采购信息表(stockinfo)

字段名	字段类型	长度	主/外键	字段值约束	对应中文名
L_id	Varchar	10	P	Not null	零件编号
L_name	Varchar	10			零件名称
L_num	Varchar	8			采购数目
L_spec	Varchar	10			规格
L_ghs	Varchar	20			供货商
L_price	Float				参考价格
L_addr	Varchar	30			供货商地址
Op_id	Varchar	8	F	Not null	采购员编号

图 2－27　采购信息表数据字典

表 4-5 维修项目表(wxprog)

字段名	字段类型	长度	主/外键	字段值约束	对应中文名
R_id	Varchar	8	P	Not null	维修编号
Op_syid	Varchar	8	F	Not null	收银员编号
Op_wxid	Varchar	8	F	Not null	维修员编号
R_part	Varchar	20			维修部件
R_name	Varchar	20			所用配件
R_repay	Float				应付费用
R_youh	Float				优惠金额
R_pay	Float				实付金额
R_owe	Float				欠款金额

图 2－28　维修项目表数据字典

.4.4　数据库逻辑结构设计

在数据库设计中，相当重要的一步就是将概念模型转化为计算机上 DBMS 所支持的数据模型。例如将 E-R 图模型转化为关系模型，道理很简单，我们设计概念模型基本上都是一些抽象的关系，在数据库设计的实现过程中，在计算机上有效地表示出这些关系就成了数据库设计的关键。在本项目，根据汽车维修管理系统的业务功能要求，选取了 SQL Server 2014 作为系统的后台数据库。并依据上面的实体和实体之间的 E-R 图设计基础上，形成数据库中的表格及表格之间的关系如表 4-1 到 4-4 所示。

字段名称	字段类型	长度	主键/外键	约束	对应中文名称
A_id	varchar	5	P	Not Null	车辆编号
A_dept	varchar	20			客户单位名称
A_name	varchar	10			联系人姓名
A_phone	varchar	12			联系电话
A_chex	varchar	10			车型
A_autonum	varchar	10			车牌号
A_addr	varchar	20			客户地址
A_others	varchar	30			备注

表 4-1 车辆信息表（autoinfo）

图 2－29　表格布局及格式

AutoInfo

PK A_id

A_dept

A_name

A_phone

A_chex

A_addr

A_autonum

A_others

Store

PK S_id

S_name

S_spec

S_num

S_cost

S_price

S_position

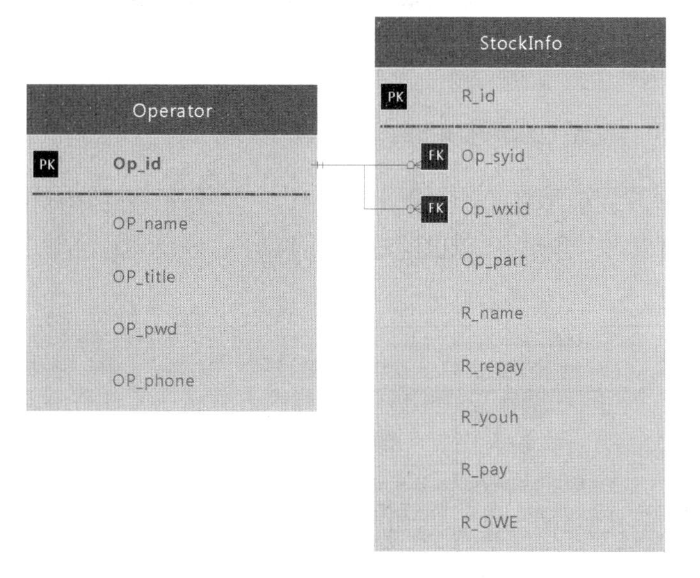

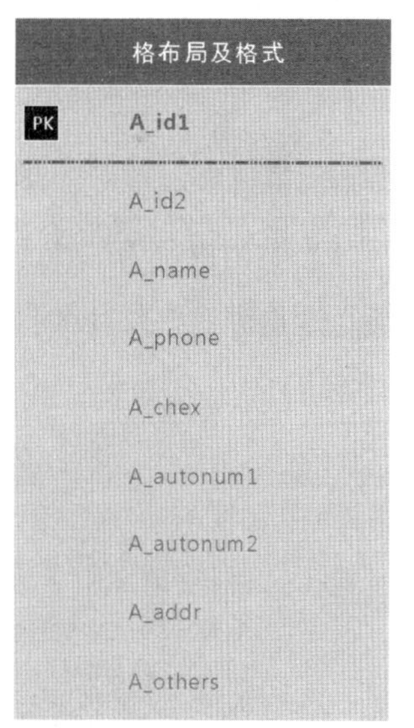

图 2－30　数据表逻辑关系 ER 图

此阶段完成后，需要保存成果文件，以便后续完善或使用。定期对文件进行复制备份是非常重要且有用的。

6.6 页眉、页脚和页码（Header，footer and pages）

页眉，是指对传统书籍、文稿，以及现代电子文本等多种文字文件载体的特定区域位置的描述。在现代电子文档中，一般称每个页面的顶部区域为页眉。常用于显示文档的附加信息，可以插入时间、图形、公司徽标、文档标题、文件名或作者姓名等。这些信息通常打印在文档中每页的顶部。

页脚则是文档中每个页面底部的区域。常用于显示文档的附加信息，可以在页脚中插入文本或图形，例如页码、日期、公司徽标、文档标题、文件名或作者姓名，这些信息通常打印在文档中每页的底部。

页码就是书或者电子文档的每一页上标明次序的号码或其他数字，如书籍每一页面上标明次序的数字，便于读者检索。

在此阶段，需要为汽车维修管理系统需求说明书文档添加符合要求的页眉、页脚及页码信息。这些操作可以通过插入工具栏对应的工具来实现，如图 2－31 所示。相关信息应该遵循如下要求：

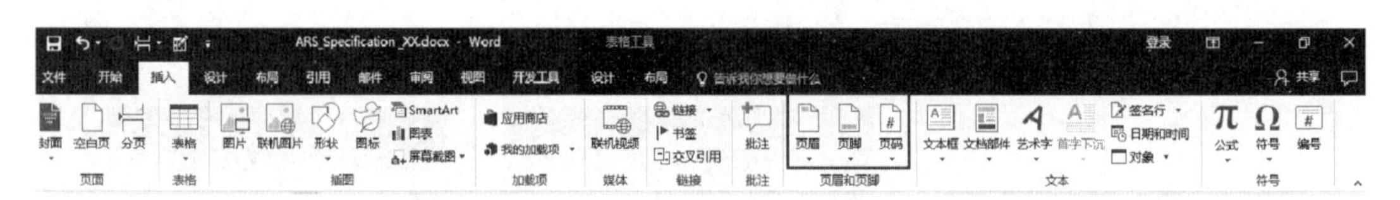

图 2－31　页眉、页脚和页码操作对应工具

（1）页眉内容为“汽车维修管理系统需求规格说明书 v1.0”，加书名号并居中显示，如图 2－32 所示。页眉顶端距离应为 1.5 厘米，如图 2－33 所示。

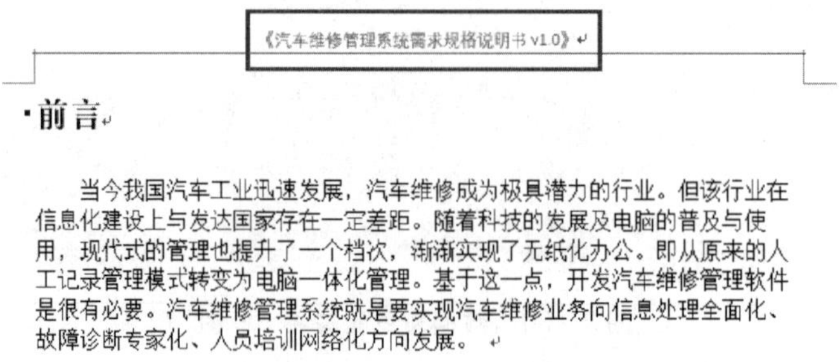

《汽车维修管理系统需求规格说明书 v1.0》

·前言

当今我国汽车工业迅速发展，汽车维修成为极具潜力的行业。但该行业在信息化建设上与发达国家存在一定差距。随着科技的发展及电脑的普及与使用，现代式的管理也提升了一个档次，渐渐实现了无纸化办公。即从原来的人工记录管理模式转变为电脑一体化管理。基于这一点，开发汽车维修管理软件是很有必要。汽车维修管理系统就是要实现汽车维修业务向信息处理全面化、故障诊断专家化、人员培训网络化方向发展。

图 2－32　页眉内容及格式

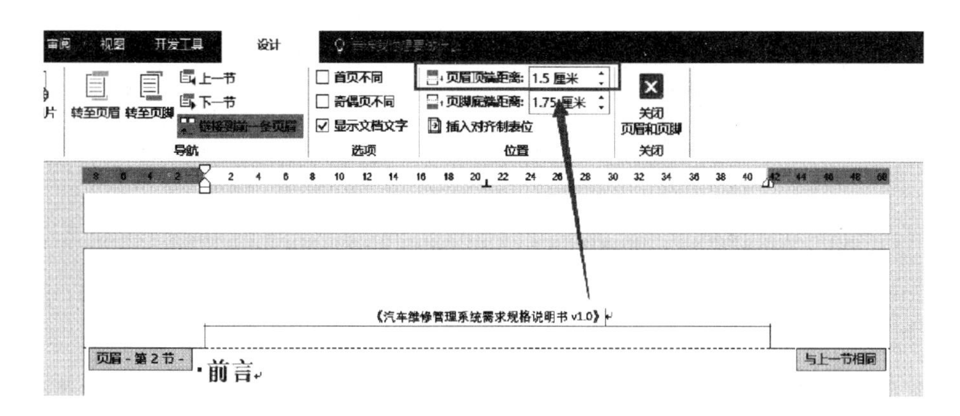

图 2 – 33　页眉距离

（2）页脚内容应该包含 Logo 图片，并居左显示。页脚底端距离应为 1 厘米，如图 2 – 34所示。

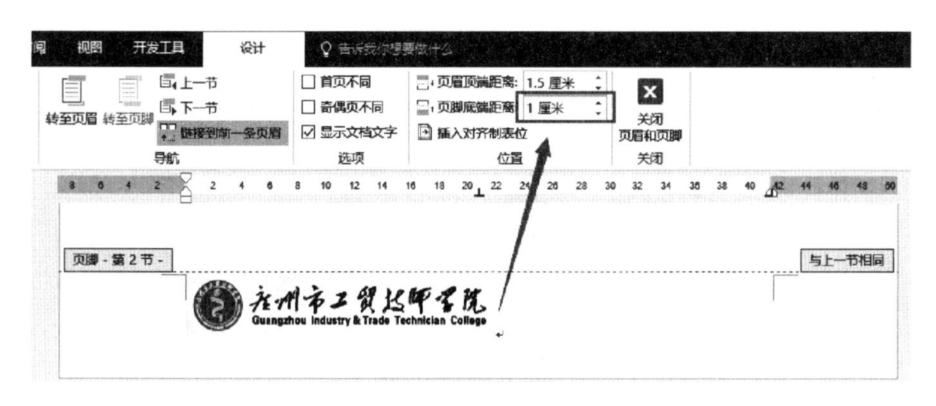

图 2 – 34　页脚内容与距离

（3）页脚应该包含页码信息，居右显示，并且应显示当前页码和总页码数。如图 2 – 35所示。

图 2 – 35　页码显示

（4）页码显示时，应以目录页为第一页，而不是以首页为第一页，如图 2 – 36 所示。

第五部分 详细设计 6
5.1 系统主要功能实现 6
5.1.1 车辆管理模块； 6
5.1.2 维修管理模块； 6
5.1.3 采购管理模块； 6
5.1.4 客户管理模块； 6
5.2 程序流程图 6
5.3 用户界面设计 6
5.3.1 一般交互设计； 6
5.3.2 信息显示设计； 6
5.3.3 输入界面设计； 6
5.4 软件测试 6
5.4.1 测试方法； 6

广州市工贸技师学院
Guangzhou Industry & Trade Technician College

1 / 8

图 2 – 36　第一页显示位置

（5）首页不应该显示页眉、页脚和页码等内容，如图 2 – 37 所示。

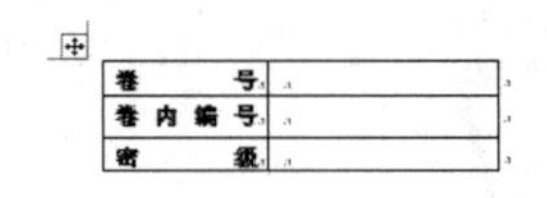

卷　　号	
卷内编号	
密　　级	

项目编号: GZITTC20170815

<汽车维修管理系统>

需求规格说明书

Version: 1.0

项 目 承 担 部 门：商务软件开发部

撰 写 人（签名）：

完 成 日 期：2017 年 8 月 23 日

本文档 使 用部门：■主管领导　■项目组
■客户（市场）　□维护人员　■用户

评审负责人（签名）：

评 审 日 期：

图 2 – 37　首页不显示页眉、页脚、页码

（6）更新目录信息，使目录显示的页面与实际所在位置的页面一致，如图 2－38 所示。

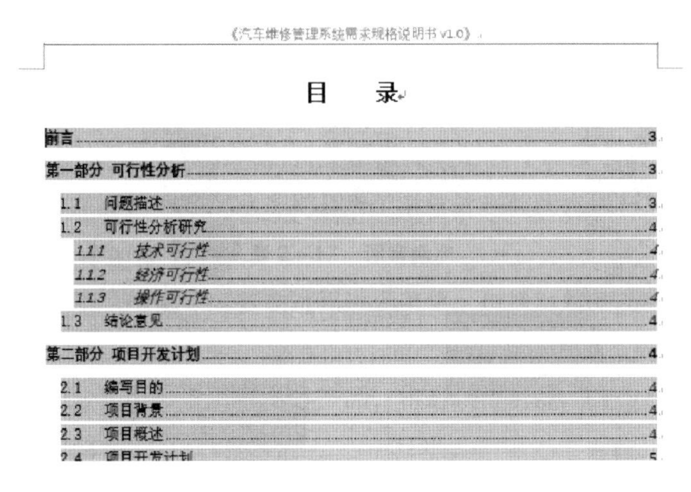
《汽车维修管理系统需求规格说明书 v1.0》

目 录

前言 3
第一部分 可行性分析 3
1.1 问题描述 3
1.2 可行性分析研究 4
1.1.1 技术可行性 4
1.1.2 经济可行性 4
1.1.3 操作可行性 4
1.3 结论意见 4
第二部分 项目开发计划 4
2.1 编写目的 4
2.2 项目背景 4
2.3 项目概述 4
2.4 项目开发计划 5

图 2－38 目录页码更新

此阶段完成后，需要将成果文件进行保存，并提交到指定位置。

6.7 创建演示文稿（Create presentation）

演示文稿，指的是把静态文件制作成动态文件，把复杂的问题变得通俗易懂，使之更生动，给人留下深刻印象的幻灯片。一套完整的演示文稿一般包含片头动画、封面、前言、目录、过渡页、图表页、图片页、文字页、封底、片尾动画等内容。

PowerPoint 是一款功能强大的制作软件，可协助用户独自或联机创建永恒的视觉效果，它增强了多媒体支持功能。PowerPoint 制作的演示文稿，可以通过不同的方式播放，也可将演示文稿打印成一页一页的幻灯片，使用幻灯片机或投影仪播放，还可以将演示文稿保存到光盘中进行分发，并可在幻灯片放映过程中播放音频或视频。此外，PowerPoint 软件对用户界面进行了改进并增强了对智能标记的支持，可以使用户更加便捷地查看和创建高品质的演示文稿。

在此阶段，需要使用 PowerPoint 设计一个演示文稿，该演示文稿用于向使用方展示汽车维修管理系统产品。为了使产品的展示效果更能打动使用者，在设计文稿的时候，应遵循如下要求。

（1）在 AutoRepairingSystem_×× 文件夹下创建一个 PowerPoint 类型文件，文件名称为 ARS_ Introduction_××，其中××为学号，如图 2－39 所示。

（2）选用合适的设计风格来作为演示文稿的风格，如图 2－40 所示。

（3）演示文稿首页应包含标题、日期、演讲者名称、班级和公司 Logo 图片等内容，如图 2－41 所示。

图2－39　演示文稿文件名

图2－40　演示文稿参考风格

图2－41　演示文稿参考首页

（4）首页主标题字号应该大于40磅，副标题字体应该大于34磅，并且Logo图片应根据所选用的风格来设计且显示在合适位置，如图2－41所示。

（5）应该包含目录，可以根据个人喜好对目录进行设计，使得演示文稿更加吸引观众。应遵循设计原则，简洁明了、清晰且页面风格一致，如图2－42所示。

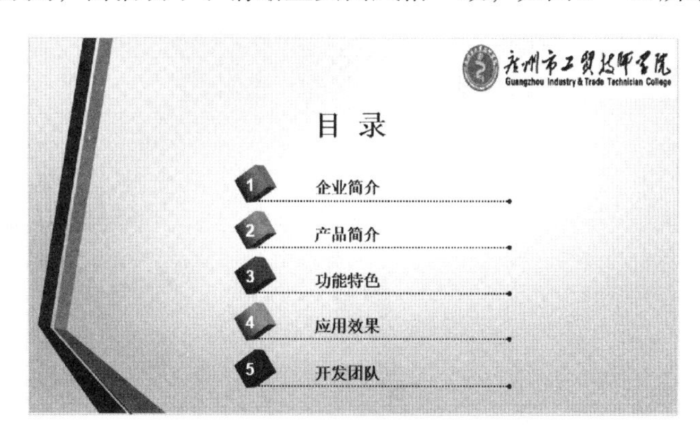

图2－42　演示文稿参考目录

（6）页面的切换要求使用非默认效果，可参考图2－43所示的选项设置。

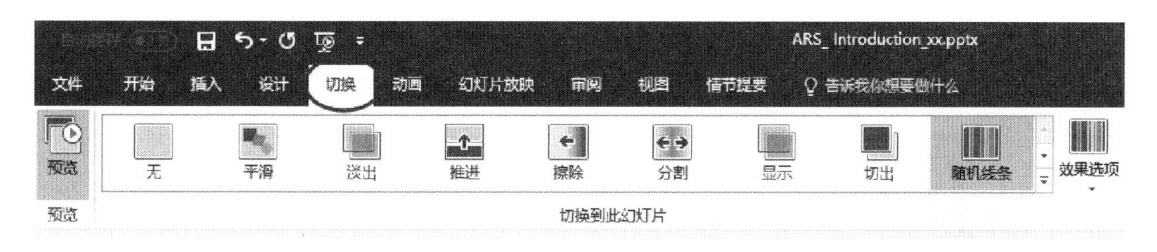

图2－43　页面切换效果选择

（7）内容应该包含引用图片，如图2－44所示；并且图片应该包含一定的动画效果，如图2－45所示。

图2－44　引用图片

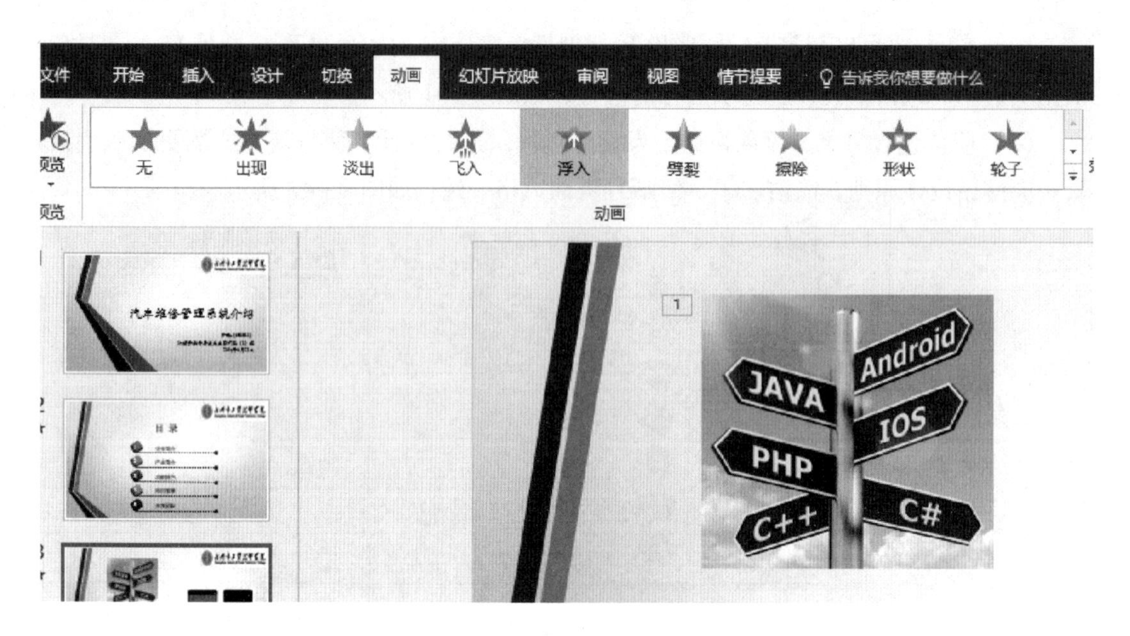

图 2－45 图片动画效果

（8）内容至少应包含系统功能结构图说明，如图 2－46 所示。

（9）系统功能结构图必须是基于演示文稿来绘制的，并且至少包含 5 个一级功能模块以及若干对应的子功能模块，如图 2－46 所示。

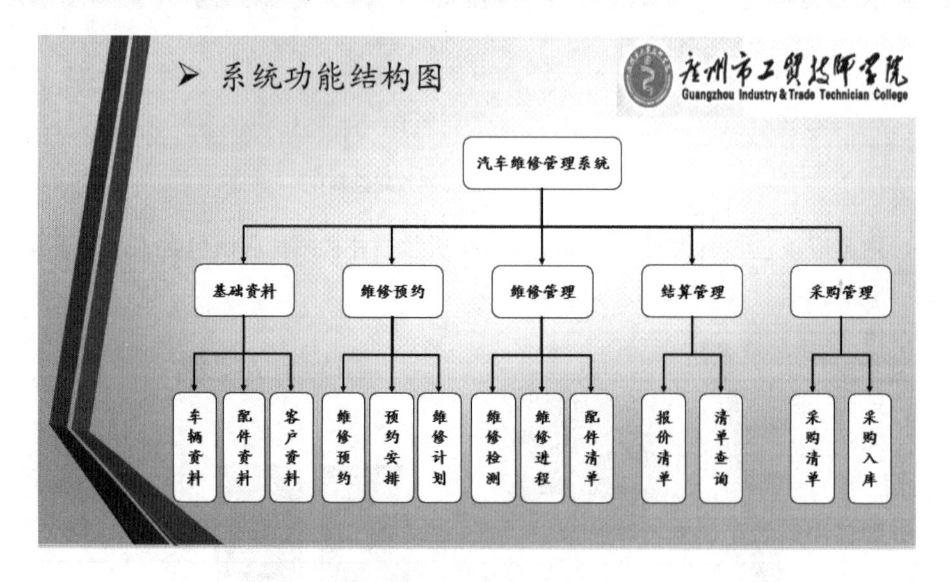

图 2－46 系统功能结构图

（10）系统功能结构图演示文稿页面必须实现功能结构分步展示，即当演示到该页面时，能至少分 3 个不同步骤，如图 2－47、图 2－48、图 2－49 所示。

图2-47　演示动态一

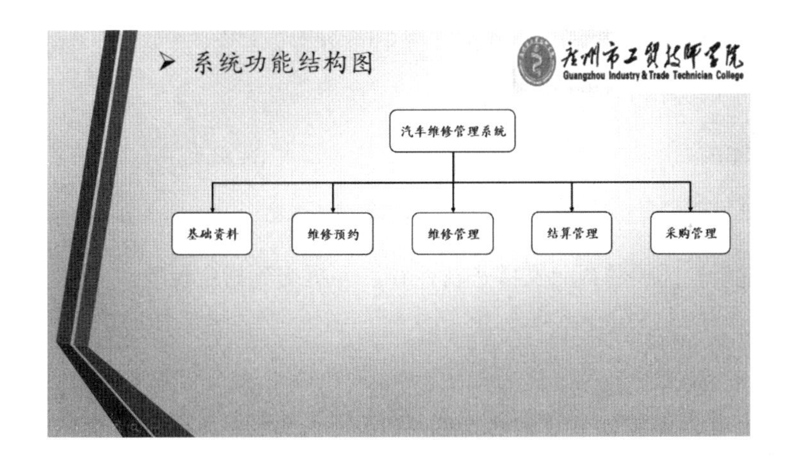

图2-48　演示动态二

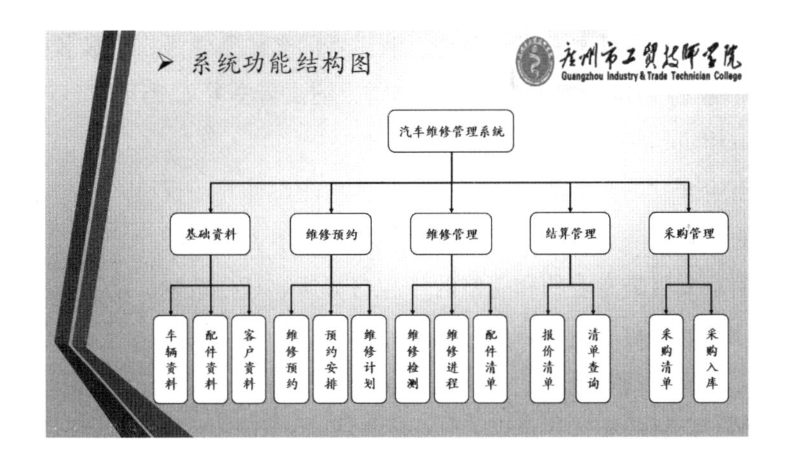

图2-49　演示动态三

（11）应该包含结束页面，并且页面信息应包含感谢语和结束提示，如图 2－50 所示。

（12）除去首页、目录和结束页，至少应包含 10 页的演示文稿展示信息。

图 2－50 结束页面参考图

此阶段完成后，需要将成果文件进行保存，并提交到指定位置。

7. 任务成果展示

在此阶段，需要制作一个 PowerPoint 展示文件，来向销售对象讲解本产品。制作 PowerPoint 时，应遵循以下风格及要求：

（1）标题字号不小于 40 磅，正文字号大于 24 磅。

（2）正文幻灯片的底部显示班级名称、演讲者的名称及学号，班级名称如 15 商务软件开发与应用高级（1）班，演讲者名称如李雷，演讲者学号如 051531。

当进行 PowerPoint 展示时，需要遵循以下要求：

（1）展示出所开发的系统的所有部分及特色功能设计与实现。

（2）展示的内容应该包含系统流程图及实体关系图、用例图等。

（3）确保演示文稿是专业的和完整的（包含母版、切换效果、动画效果、链接）。

（4）使用清晰的语言表达。

（5）演示方式要流畅专业。

（6）必须具有良好的礼仪礼貌。

（7）把握演讲时间及掌握演讲技巧。

8. 任务评审标准

本任务评审的技能标准与权重参照世界技能大赛（WSSS）技能标准规范，具体如表2－4所示。

表2－4 评审标准

部分	技能标准	权重
1. 工作组织和管理	个人需要知道和理解： ➢ 团队高效工作的原则与措施 ➢ 系统组织的原则和行为 ➢ 系统的可持续性、策略性、实用性 ➢ 从各种资源中识别、分析和评估信息	5
	个人应能够： ➢ 合理分配时间，制订每日开发计划 ➢ 使用计算机或其他设备以及一系列软件包 ➢ 运用研究技巧和技能，紧跟最新的行业标准 ➢ 检查自己的工作是否符合客户与组织的需求	
2. 交流和人际交往技能	个人需要知道和理解： ➢ 聆听技能的重要性 ➢ 与客户沟通时，严谨与保密的重要性 ➢ 解决误解和冲突的重要性 ➢ 取得客户信任并与之建立高效工作关系的重要性 ➢ 写作和口头交流技能的重要性	5
	个人应能够使用读写技能： ➢ 遵循指导文件中的文本要求 ➢ 理解工作场地说明和其他技术文档 ➢ 与最新的行业准则保持一致 个人应能够使用口头交流技能： ➢ 对系统说明进行讨论并提出建议 ➢ 使客户及时了解系统进展情况 ➢ 与客户协商项目预算和时间表 ➢ 收集和确定客户需求 ➢ 演示推荐的和最终的软件解决方案	

（续上表）

<table>
<tr><th>部分</th><th>技能标准</th><th>权重</th></tr>
<tr><td>2. 交流和人际交往技能</td><td>个人应能够使用写作技能：
➢ 编写关于软件系统的文档（如技术文档、用户文档）
➢ 使客户及时了解系统进展情况
➢ 确定所开发的系统符合最初的要求并获得用户的签收
个人应能够使用团队交流技能：
➢ 与他人合作开发所要求的成果
➢ 善于团队协作，共同解决问题
个人应能够使用项目管理技能：
➢ 对任务进行优先排序，并做出计划
➢ 分配任务资源</td><td></td></tr>
<tr><td rowspan="2">3. 问题解决、革新和创造性</td><td>个人需要知道和理解：
➢ 软件开发中常见问题类型
➢ 企业组织内部常见问题类型
➢ 诊断问题的方法
➢ 行业发展趋势，包括新平台、语言、规则和专业技能</td><td rowspan="2">5</td></tr>
<tr><td>个人应能够使用分析技能：
➢ 整合复杂和多样的信息
➢ 确定说明中的功能性和非功能性需求
个人应能够使用调查和学习技能：
➢ 获取用户需求（如通过交谈、问卷调查、文档搜索和分析、联合应用设计和观察）
➢ 独立研究遇到的问题
个人应能够使用解决问题技能：
➢ 及时地查出并解决问题
➢ 熟练地收集和分析信息
➢ 制订多个可选择的方案，从中选择最佳方案并实现</td></tr>
<tr><td>4. 分析和设计软件解决方案</td><td>个人需要知道和理解：
➢ 确保客户最大利益来开发最佳解决方案的重要性
➢ 使用系统分析和设计方法的重要性（如统一建模语言）
➢ 采用合适的新技术
➢ 系统设计最优化的重要性</td><td>30</td></tr>
</table>

（续上表）

部分	技能标准	权重
4．分析和设计软件解决方案	个人应能够分析系统： ➢ 用例建模和分析 ➢ 结构建模和分析 ➢ 动态建模和分析 ➢ 数据建模工具和技巧 个人应能够设计系统： ➢ 类图、序列图、状态图、活动图 ➢ 面向对象设计和封装 ➢ 关系或对象数据库设计 ➢ 人机互动设计 ➢ 安全和控制设计 ➢ 多层应用设计	
5．开发软件解决方案	个人需要知道和理解： ➢ 确保客户最大利益来开发最佳解决方案的重要性 ➢ 使用系统开发方法的重要性 ➢ 考虑所有正常和异常以及异常处理的重要性 ➢ 遵循标准（如编码规范、风格指引、UI 设计、管理目录和文件）的重要性 ➢ 准确与一致的版本控制的重要性 ➢ 使用现有代码作为分析和修改的基础 ➢ 从所提供的工具中选择最合适的开发工具的重要性	40
	个人应能够： ➢ 使用数据库管理系统 SQL Server 来为所需系统创建、存储和管理数据 ➢ 使用最新的 .NET 开发平台 Visual Studio 开发一个基于客户端/服务器架构的软件解决方案 ➢ 评估并集成合适的类库与框架到软件解决方案中构建多层应用 ➢ 为基于 Client – Server 的系统创建一个网络接口	
6．测试软件解决方案	个人需要知道和理解： ➢ 迅速判定软件应用的常见问题 ➢ 全面测试软件解决方案的重要性 ➢ 对测试进行存档的重要性	10

（续上表）

部分	技能标准	权重
6. 测试软件解决方案	个人应能够： ➢ 安排测试活动（如单元测试、容量测试、集成测试、验收测试等） ➢ 设计测试用例，并检查测试结果 ➢ 调试和处理错误 ➢ 生成测试报告	
7. 编写软件解决方案文档	个人需要知道和理解： ➢ 使用文档全面记录软件解决方案的重要性	5
	个人应能够： ➢ 开发出具有专业品质的用户文档和技术文档	

9. 任务评分标准

本任务的评分标准如表 2－5 所示。

表 2－5　评分标准

WSSS Section（世界技能大赛标准）		Criteria（标准）					Mark（评分）
		A（系统分析设计）	B（软件开发）	C（开发标准）	D（系统文档）	E（系统展示）	
1	工作组织和管理	3	2				5
2	交流和人际交往技能		5				5
3	问题解决、革新和创造性		5				5
4	分析和设计软件解决方案	22	8				30
5	开发软件解决方案		35	5			40
6	测试软件解决方案		5		5		10
7	编写软件解决方案文档					5	5
Total（总分）		25	60	5	5	5	100

10. 系统分值

本任务的系统分值如表 2 -6 所示。

表 2 -6　系统分值

Criteria（标准）	Description（描述）	SM（主观评分）	OM（客观评分）	TM（总分）	Mark（评分）
A	系统分析设计		20 ~ 35	20 ~ 35	20
B	软件开发		45 ~ 70	45 ~ 70	65
C	开发标准		3 ~ 5	3 ~ 5	5
D	系统文档		5	3 ~ 5	5
E	系统展示	5		5	5
小计		5	95	100	100

11. 评分细则

本任务的评分细则如表 2 -7 所示。

表 2 -7　评分细则

Criteria（标准）	Sub Criteria（子标准）	Sub Criteria Description（子标准描述）	Aspect（方向）	Aspect of Sub Criteria Description（子方向描述）	Mark（评分）	Result（得分结果）
A	A1	商务文件创建	O1	按照命名要求创建正确的文件夹	4	
			O2	按照命名和目录要求正确创建汽车企业维修管理系统需求规格说明书	8	
			O3	按照命名和目录要求正确创建汽车企业维修管理系统介绍演示文稿	8	

（续上表）

Criteria（标准）	Sub Criteria（子标准）	Sub Criteria Description（子标准描述）	Aspect（方向）	Aspect of Sub Criteria Description（子方向描述）	Mark（评分）	Result（得分结果）
B	B1	需求文档首页	01	文档首页标题正确，字体、字号和排版方式符合要求	2	
			02	文档首页包含表格	1	
			03	文档首页不显示页眉、页脚及页码	1	
			04	文档首页包含特殊符号	1	
			05	文档首页包含 Logo 图片，并且正确显示	1	
			06	文档首页包含版本信息	1	
	B2	需求文档目录	01	目录格式显示正确	1	
			02	目录页面内容显示正确	1	
			03	目录页面显示页眉、页脚和页码信息	1	
			04	目录页面包含分页符	1	
	B3	需求文档内容	01	文档内容标题字体、字号、编号显示正确	3	
			02	文档内容丰富，并且排版合理	4	
			03	文档内容包含图片及表格	2	
			04	文档内容数据字典完整且格式正确	3	
			05	文档内容页眉、页脚及页码显示正确	2	
			06	文档内容包含项目符号	2	
			07	文档内容结构合理，且符合要求	1	
			08	文档图片居中显示且编号描述正确不重复	2	

（续上表）

Criteria（标准）	Sub Criteria（子标准）	Sub Criteria Description（子标准描述）	Aspect（方向）	Aspect of Sub Criteria Description（子方向描述）	Mark（评分）	Result（得分结果）
B	B4	演示文稿首页	01	演示文稿设计新颖美观	2	
			02	演示文稿首页显示标题、演讲者姓名、班级、日期信息	2	
			03	演示文稿首页包含 Logo 图片且显示合理	1	
	B5	演示文稿目录	01	目录信息清晰、直观	2	
			02	目录设计美观、简洁	2	
			03	目录页面风格统一	1	
	B6	演示文稿内容	01	包含 10 张以上演示文稿	5	
			02	演示文稿包含图片、动画等引用	3	
			03	演示文稿页面切换有切换效果	2	
			04	演示文稿包含绘制的系统结构图	2	
			05	实现演示文稿结构图三种动画效果分步显示	3	
			06	演示文稿每一页都包含 Logo 图片信息	4	
	B7	演示文稿末页	01	有演示文稿结束页面	1	
			02	演示文稿结束页面包含结束提示语和致谢语	2	
			03	演示文稿结束页显示统一的风格和 Logo 图片	2	
C	C1	开发标准	01	每个程序都必须显示正确的程序标题。少一个扣 0.1 分，扣完为止	1	
			02	正确的界面信息描述。错误一个扣 0.1 分，扣完为止	1	

（续上表）

Criteria（标准）	Sub Criteria（子标准）	Sub Criteria Description（子标准描述）	Aspect（方向）	Aspect of Sub Criteria Description（子方向描述）	Mark（评分）	Result（得分结果）
C	C1	开发标准	O3	标题：四号加粗宋体；正文：五号宋体。错一个扣0.1分，扣完为止	1	
			O4	页面布局须直观、清晰，发现页面控件没对齐、溢出、看不清等扣0.1分，扣完为止	2	
D	D1	系统文档	O1	提交正确命名的需求规格说明书	1	
			O2	需求规格说明书内容完善、风格统一、格式正确	2	
			O3	提交正确命名的演示文稿	1	
			O4	演示文稿设计美观、页面丰富、结构合理	2	
E	E1	PPT 制作与展示	S1	展示出所开发的系统的所有部分，使用截屏并确保展示能够流畅地表现出部分之间的衔接，确保演示文稿是专业的和完整的（包含母版、切换效果、动画效果、链接），具备良好的语言表达能力、演示方式，注重礼仪礼貌、演讲技巧	5	

二、工作任务二：足球联赛管理机构商务文件创建

1. 任务背景

创建足球联赛信息管理系统，其目的在于利用现代化的计算机及网络手段对足球联赛进行数据管理，提高技术统计和计分工作的工作效率，确保数据的安全性和准确性，实现自动化数据统计。该系统的作用在于及时传递信息；协同工作，提高效率；保证资

料的完整性和连续性；信息、设备、资源共享，加强安全保密。

一般来说，足球联赛信息管理系统所需要处理的数据有球队名、主场、主教练、球员姓名、位置、身高、体重、年龄、比赛轮次、主队、客队、主队比分、客队比分、球队名次、总场数、胜场、负场、平场、进球数、失球数、净胜球、积分、球员进球数等23项。

足球联赛信息管理系统功能分析采用自顶向下的方法逐步细化系统的功能结构。根据足球联赛信息管理的业务流程来识别系统的功能和过程。在此基础上对系统的功能做出分析和设计。

足球联赛信息管理系统建立的整体解决方案涵盖了编辑录入和数据查询这两大部分，其下又含有人员资料录入、比赛信息录入，以及各种技术统计、数据查询等多种业务工作流程。

（1）球员的查询。

可查询球员的相关信息，包括姓名、所属球队、位置、身高、体重、年龄。

（2）查询球员表。

可将球员表的所有相关信息显示出来。

（3）查询积分榜。

可将积分榜的所有相关信息显示出来。

（4）球员的插入。

输入球员的相关信息，包括姓名、所属球队、位置、身高、体重、年龄，把这些信息插入球员表中。在插入的同时，将球员相关的积分榜插入该球员的信息。

（5）球员的删除。

输入球员的姓名，查询到该球员，在球员表、积分榜中删除该球员的信息。

（6）统计球队球员人数。

输入所要统计的球队名，把该球队的球员人数统计出来。

（7）统计球队数量。

可将球队表中的球队数量统计出来。

（8）修改球员位置。

可输入球员姓名和位置，查询到此人，并修改此人的位置。

2. 任务介绍

本课程主要进行系统的初步设计，通过使用 Excel 进行数据的收集处理，通过画图工具对系统的界面进行设计。

Excel 是电子数据表程序，可进行数字和预算运算，是最早的 Office 组件。Excel 内置了多种函数，可以对大量数据进行分类、排序甚至绘制图表；Excel 具备强大的数据处理能力，学习掌握 Excel 基础操作、函数、图表、数据透视表和 VBA 能大大提高办公效率，尤其是 VBA 功能扩展了 Excel 的功能，突破局限，解放双手，实现办公自动化。Excel 已经成为办公必备的技能，学习好 Excel 能提升个人实力，为升职加薪增加资本。

界面设计是为了满足软件专业化、标准化的需求而产生的，是对软件的使用界面进行美化、优化、规范的设计分支。具体包括软件启动封面设计、软件框架设计、按钮设计、面板设计、菜单设计、标签设计、图标设计、滚动条及状态栏设计、安装过程设计、包装及商品化。

在设计的过程中有较多需要注意的关键问题，以下列出几点：

（1）框架设计。

软件的框架设计复杂得多，因为它涉及软件的使用功能，需要对该软件产品的程序和使用比较了解，这就需要设计师有一定的软件跟进经验，能够快速地学习软件产品，并且与软件产品的程序开发员及程序使用对象进行沟通，从而设计出友好的、独特的、符合程序开发原则的软件框架。软件框架设计应该简洁明快，尽量少用无谓的装饰；应该考虑节省屏幕的空间、分辨率、缩放时的状态和原则，并且为将来设计按钮、菜单、标签、滚动条及状态栏预留位置；将整体色彩进行合理搭配，将软件商标放在显著位置，主菜单应放在左边或上边，滚动条放在右边，状态栏放在下边，以符合视觉流程和用户使用心理。

（2）按钮设计。

按钮设计应该具有交互性，即应该有 3～6 种状态效果，包括点击时的状态，鼠标放在上面但未点击的状态，点击前鼠标未放在上面时的状态，点击后鼠标未放在上面时的状态，不能点击时的状态，独立自动变化的状态。按钮应具备简洁的图示效果，应能够让使用者产生功能关联反应，群组内按钮应该风格统一，功能差异大的按钮应该有所区别。

（3）面板设计。

软件面板设计应该具有缩放功能，对功能区间划分清晰，和对话框、弹出框等风格相匹配，尽量节省空间，方便切换。

（4）菜单设计。

菜单设计一般有选中状态和未选中状态，左边应为名称，右边应为快捷键，如果有下级菜单应该有下级箭头符号，不同功能区间应该用线条分割。

（5）标签设计。

标签设计应该注意转角部分的变化，状态可参考按钮。

（6）图标设计。

图标设计色彩不宜超过64色，大小为16×16、32×32两种。图标设计是方寸艺术，应该重点考虑视觉冲击力，须在很小的范围内表现出软件的内涵，所以很多图标设计师在设计图标时使用简单的颜色，利用眼睛对色彩和网点的空间混合效果，做出了许多精彩的图标。

（7）滚动条及状态栏设计。

滚动条主要是为了对固定大小的区域性空间内容量的变换进行设计，应该有上下箭头、滚动标等，有些还有翻页标。状态栏是为了对软件当前状态进行显示和提示。

（8）安装过程设计。

安装过程设计主要是将软件安装的过程进行美化，包括对软件功能进行图示化。

（9）包装及商品化。

软件产品的包装应该考虑保护好软件产品，将对软件功能的宣传融于美观的包装中，可以印刷部分产品介绍、产品界面设计。

在进行界面设计时须充分考虑布局的合理化问题，遵循用户从上而下、自左向右的浏览、操作习惯，避免常用业务功能按键排列过于分散，以造成用户鼠标移动距离过长的弊端。多做“减法”运算，将不常用的功能区块隐藏，以保持界面的简洁，使用户专注于主要业务操作流程，这样有利于提高软件的易用性及可用性。

3. 任务要求

（1）阅读任务书，与主管、客户沟通，确认客户的软件需求和使用习惯。

（2）完成Excel表格设计。

（3）完成Excel的计算功能。

（4）完成Excel的排序功能。

（5）完成相关的界面设计。

（6）按要求提交任务成果。

（7）完成软件开发所需的相关文档。

（8）所有地方使用合适、规范的命名。

4. 任务成果清单

本任务需要提交的任务成果清单如表2－8所示。（说明：所有文件保存在××_MODULE_2文件夹中，××表示学号。）

表2-8　任务成果清单

序号	内容	命名	备注
1	数据字典	数据字典.xlsx	针对节点6.1
2	基础数据	基础数据.xlsx	针对节点6.2
3	赛程信息	赛程信息.xlsx	针对节点6.3
4	积分信息	积分信息.xlsx	针对节点6.4
5	计算作业	计算作业.xlsx	针对节点6.5
6	排序作业	排序作业.xlsx	针对节点6.6
7	数据筛选	数据筛选.xlsx	针对节点6.7
8	界面设计原稿	界面设计原稿	针对节点6.8~6.16
9	成果展示	成果展示.ppt	针对节点6.17

5. 知识和技能要求

在完成此任务之前，需要掌握的软件开发的基本知识点和技能要求，以及参考教材见表2-9。

表2-9　知识和技能要求

知识和技能	参考资料	备注
Office办公软件和计算机基础知识	《Office 2013办公应用从新手到高手》	Word基本应用、函数、图表等；Excel画图、制表；PowerPoint制作

6. 任务内容

6.1　创建数据字典

创建数据字典，根据详细设计说明书创建数据表，使用Excel创建表格进行数据库字典设计。要求如下：

（1）球场表。关键字段：球场代号、球场描述，如表2-10所示。

表2－10　球场数据字典

TeamField（球场表）				
主键	字段名	字段类型/长度	是否必填	备注
PK	FieldNo	NVARCHAR（10）	Y	
	FieldDescription	VARCHAR（200）	Y	
	DataStatus	VARCHAR（1）		1表示可用，2表示不可用（或已删除）
	CreateDate	NVARCHAR（10）		System Date yyyy/dd/mm
	CreateTime	NVARCHAR（10）		System Time hh：mm：ss
	CreateUser	NVARCHAR（50）		System User
	ModifyDate	NVARCHAR（10）		System Date yyyy/dd/mm
	ModifyTime	NVARCHAR（10）		System Time hh：mm：ss
	ModifyUser	NVARCHAR（50）		System User
	DelDate	NVARCHAR（10）		System Date yyyy/dd/mm
	DelTime	NVARCHAR（10）		System Time hh：mm：ss
	DelUser	NVARCHAR（50）		System User

（2）教练表。关键字段：教练代号、教练名、联系电话、地址等，如表2－11所示。

表2－11　教练数据字典

CoachInfo（教练表）				
主键	字段名	字段类型/长度	是否必填	备注
PK	CoachNo	NVARCHAR（10）	Y	
	CoachName	VARCHAR（100）	Y	
	CoachTel	VARCHAR（20）	N	
	CoachAddress	VARCHAR（200）	N	
	DataStatus	VARCHAR（1）		1表示可用，2表示不可用（或已删除）
	CreateDate	NVARCHAR（10）		System Date yyyy/dd/mm
	CreateTime	NVARCHAR（10）		System Time hh：mm：ss
	CreateUser	NVARCHAR（50）		System User
	ModifyDate	NVARCHAR（10）		System Date yyyy/dd/mm
	ModifyTime	NVARCHAR（10）		System Time hh：mm：ss
	ModifyUser	NVARCHAR（50）		System User
	DelDate	NVARCHAR（10）		System Date yyyy/dd/mm
	DelTime	NVARCHAR（10）		System Time hh：mm：ss
	DelUser	NVARCHAR（50）		System User

（3）球队表。关键字段：球队代号、球队名称、主场、主教练等，如表2－12所示。

表2－12 球队数据字典

TeamInfo（球队表）				
主键	字段名	字段类型/长度	是否必填	备注
PK	TeamNo	NVARCHAR（10）	Y	
	TeamName	VARCHAR（100）	Y	
	FieldNo	VARCHAR（10）	Y	
	CoachNo	VARCHAR（10）	Y	
	DataStatus	VARCHAR（1）		1表示可用，2表示不可用（或已删除）
	CreateDate	NVARCHAR（10）		System Date yyyy/dd/mm
	CreateTime	NVARCHAR（10）		System Time hh：mm：ss
	CreateUser	NVARCHAR（50）		System User
	ModifyDate	NVARCHAR（10）		System Date yyyy/dd/mm
	ModifyTime	NVARCHAR（10）		System Time hh：mm：ss
	ModifyUser	NVARCHAR（50）		System User
	DelDate	NVARCHAR（10）		System Date yyyy/dd/mm
	DelTime	NVARCHAR（10）		System Time hh：mm：ss
	DelUser	NVARCHAR（50）		System User

（4）球员表。关键字段：球员代号、球员姓名、球队代号、位置、身高、体重、年龄、球员号码，如表2－13所示。

表2－13 球员数据字典

PlayerInfo（球员表）				
主键	字段名	字段类型/长度	是否必填	备注
PK	PlayerNo	NVARCHAR（10）	Y	
	PlayerName	NVARCHAR（100）	Y	
	TeamNo	NVARCHAR（10）	N	
	Position	NVARCHAR（10）	N	
	Height	FLOAT	Y	
	Weight	FLOAT	Y	
	Age	INT	Y	

（续上表）

PlayerInfo（球员表）				
主键	字段名	字段类型/长度	是否必填	备注
	TeamNumber	INT	N	
	DataStatus	NVARCHAR（1）		1 表示可用，2 表示不可用（或已删除）
	CreateDate	NVARCHAR（10）		System Date yyyy/dd/mm
	CreateTime	NVARCHAR（10）		System Time hh：mm：ss
	CreateUser	NVARCHAR（50）		System User
	ModifyDate	NVARCHAR（10）		System Date yyyy/dd/mm
	ModifyTime	NVARCHAR（10）		System Time hh：mm：ss
	ModifyUser	NVARCHAR（50）		System User
	DelDate	NVARCHAR（10）		System Date yyyy/dd/mm
	DelTime	NVARCHAR（10）		System Time hh：mm：ss
	DelUser	NVARCHAR（50）		System User

（5）比赛进程表。关键字段：主队名、客队名、轮次、主队比分、客队比分，如表 2－14所示。

表 2－14 比赛进程数据字典

GameProcess（比赛进程表）				
主键	字段名	字段类型/长度	是否必填	备注
PK	Season	NVARCHAR（10）		
PK	HteamNo	NVARCHAR（10）	Y	
PK	VteamNo	NVARCHAR（100）	Y	
	RaceRound	INT	N	
	HteamScore	INT	N	
	VteamScore	INT	Y	
	DataStatus	NVARCHAR（1）		1 表示可用，2 表示不可用（或已删除）
	CreateDate	NVARCHAR（10）		System Date yyyy/dd/mm
	CreateTime	NVARCHAR（10）		System Time hh：mm：ss
	CreateUser	NVARCHAR（50）		System User
	ModifyDate	NVARCHAR（10）		System Date yyyy/dd/mm

（续上表）

GameProcess（比赛进程表）				
主键	字段名	字段类型/长度	是否必填	备注
	ModifyTime	NVARCHAR（10）		System Time hh：mm：ss
	ModifyUser	NVARCHAR（50）		System User
	DelDate	NVARCHAR（10）		System Date yyyy/dd/mm
	DelTime	NVARCHAR（10）		System Time hh：mm：ss
	DelUser	NVARCHAR（50）		System User

（6）球队积分表。关键字段：赛季、名次、球队名、总场数、胜场、负场、平场、进球数、失球数、净胜球、积分，如表2－15所示。

表2－15　球队积分数据字典

Seasonrank（球队积分表）				
主键	字段名	字段类型/长度	是否必填	备注
PK	Season	NVARCHAR（10）	Y	
PK	TeamRank	INT	Y	
	TeamNo	NVARCHAR（10）	Y	
	TotalField	INT	Y	
	WinField	INT	Y	
	LostField	INT	Y	
	PeaField	INT	Y	
	GetGoals	INT	Y	
	LostGoals	INT	Y	
	WinGoals	INT	Y	
	Points	INT	Y	
	DataStatus	NVARCHAR（1）		1表示可用，2表示不可用（或已删除）
	CreateDate	NVARCHAR（10）		System Date yyyy/dd/mm
	CreateTime	NVARCHAR（10）		System Time hh：mm：ss
	CreateUser	NVARCHAR（50）		System User
	ModifyDate	NVARCHAR（10）		System Date yyyy/dd/mm
	ModifyTime	NVARCHAR（10）		System Time hh：mm：ss
	ModifyUser	NVARCHAR（50）		System User
	DelDate	NVARCHAR（10）		System Date yyyy/dd/mm
	DelTime	NVARCHAR（10）		System Time hh：mm：ss
	DelUser	NVARCHAR（50）		System User

（7）球员进球表。关键字段：赛季、名次、球员代号、球队代号、进球数，如表2－16所示。

表2－16　球员进球数据字典

Playergoal（球员进球表）				
主键	字段名	字段类型/长度	是否必填	备注
PK	Season	NVARCHAR（10）	Y	
PK	GoalRank	INT	Y	
PK	PlayerNo	NVARCHAR（10）	Y	
	TeamNo	NVARCHAR（10）	Y	
	DataStatus	NVARCHAR（1）		1表示可用，2表示不可用（或已删除）
	CreateDate	NVARCHAR（10）		System Date yyyy/dd/mm
	CreateTime	NVARCHAR（10）		System Time hh：mm：ss
	CreateUser	NVARCHAR（50）		System User
	ModifyDate	NVARCHAR（10）		System Date yyyy/dd/mm
	ModifyTime	NVARCHAR（10）		System Time hh：mm：ss
	ModifyUser	NVARCHAR（50）		System User
	DelDate	NVARCHAR（10）		System Date yyyy/dd/mm
	DelTime	NVARCHAR（10）		System Time hh：mm：ss
	DelUser	NVARCHAR（50）		System User

6.2　创建基础数据

使用Excel按照要求创建基础数据。所有基础数据创建在一个Excel文件中，每一个sheet页表示一种基础数据，sheet页以基础数据类型命名，例如球场资料、教练资料。

（1）球场资料。关键字段：球场代号、球场描述，如图2－51所示。

①在第一行建立字段描述信息，第二行开始建立数据。第一行必须使用边框，使用黑体字显示。

②建立10笔球场数据。

③代号为“英文＋数字”，不可重复，必须录入球场描述。

球场代号	球场描述
A01	安菲尔德球场
A02	老特拉福德球场
A03	酋长球场

图 2－51

（2）教练资料。关键字段：教练代号、教练名、联系电话、地址，如图 2－52 所示。

①在第一行建立字段描述信息，第二行开始建立数据。第一行必须使用边框，使用黑体字显示。

②建立 10 笔教练数据。

③代号为“英文＋数字”，不可重复，必须录入教练名，联系电话和地址可以不填。

教练代号	教练名	联系电话	地址
A01	大卫	****	某某路某某号
A02	克罗斯	****	某某路某某号
A03	詹姆斯	****	某某路某某号

图 2－52

（3）球队资料。关键字段：球队代号、球队名称、主场、主教练，如图 2－53 所示。

①在第一行建立字段描述信息，第二行开始建立数据。第一行必须使用边框，使用黑体字显示。

②建立 10 笔球队数据。

③代号为“英文＋数字”，不可重复，必须录入球队名称、主场和主教练信息，其中主场以及主教练使用代号信息，信息来源为从前面建立的资料中获取，不可重复。

	A	B	C	D
1	球队代号	球队名称	主场	主教练
2	A01	曼联	A01	A01
3	A02	利物浦	A02	A02
4	A03	阿森纳	A03	A03
5				
6				
7				
8				
9				
10				
11				

图 2－53

（4）球员资料。关键字段：球员代号、球员姓名、球队代号、位置、身高、体重、年龄、球员号码，如图 2－54 所示。

①在第一行建立字段描述信息，第二行开始建立数据。第一行必须使用边框，使用黑体字显示。

②建立至少 130 名队员信息，每个球队有 10～13 名球员。

③代号为“英文＋数字”，不可重复，必须录入球员姓名、位置、身高、体重和年龄信息。

④在一支球队中，球员的号码不可以重复。

	A	B	C	D	E	F	G	H	I
1	球员代号	球员姓名	球队代号	位置	身高	体重	年龄	球员号码	
2	A01	小吴	A01	中锋	180	75	28	11	
3	A02	小赵	A02	后卫	180	75	28	12	
4	A03	小王	A03	后腰	180	75	28	13	
5	A04	阿Q	A02	前卫	180	75	28	14	
6	A05	文少	A03	中场	180	75	28	15	
7									
8									
9									
10									
11									
12									
13									

图 2－54

6.3　建立球队赛程信息

使用 Excel 按照要求创建球队的赛程信息，如图 2－55 所示。

创建要求：

①创建每一轮赛事的信息。

②每支球队在上一轮如果是主场，下一轮则会在客场。

③每两支球队不能连续两轮相遇。

④10 支球队一共有 18 轮赛事。

	A	B	C	D	E	F	G
1				第一轮			
2	A01	AC米兰		VS		A02	阿贾克斯
3	A03	塞维利亚		VS		A04	利物浦
4	A05	托特纳姆热刺		VS		A06	曼联
5	A07	巴塞罗那		VS		A08	尤文图斯
6	A09	皇家马德里		VS		A10	巴黎圣日耳曼
7							
8				第二轮			
9	A10	巴黎圣日耳曼		VS		A01	AC米兰
10	A02	阿贾克斯		VS		A03	塞维利亚
11	A04	利物浦		VS		A05	托特纳姆热刺
12	A06	曼联		VS		A07	巴塞罗那
13	A08	尤文图斯		VS		A09	皇家马德里
14							
15				第三轮			
16	A05	托特纳姆热刺		VS		A02	阿贾克斯
17	A07	巴塞罗那		VS		A04	利物浦
18	A09	皇家马德里		VS		A06	曼联
19	A01	AC米兰		VS		A08	尤文图斯
20	A10	巴黎圣日耳曼		VS		A10	巴黎圣日耳曼

图 2－55

6.4 建立球队积分信息

使用 Excel 按照要求创建球队的积分信息，如图 2－56 所示。

创建要求：

①在第一行建立字段描述信息，第二行开始建立数据，第一行必须使用边框，使用黑体字显示。

②表中的球队数量和球队资料中的一致。

名次	球队代号	球队名称	积分	总场数	胜场	负场	平场	进球数	失球数	净胜球
1	A01	AC米兰								
2	A02	阿贾克斯								
3	A03	塞维利亚								
4	A04	利物浦								
5	A05	托特纳姆热刺								
6	A06	曼联								
7	A07	巴塞罗那								
8	A08	尤文图斯								
9	A09	皇家马德里								
10	A10	巴黎圣日耳曼								

图 2－56

6.5　在 Excel 中实现计算作业

在 6.4 作业中，我们创建了球队的赛事信息，在本节作业中，需要在 Excel 中实现赛事的自动统计，如图 2－57、图 2－58 所示。

A	B	C	D	E	F	G
			第一轮			
A01	AC米兰	2	VS	1	A02	阿贾克斯
A03	塞维利亚	1	VS	3	A04	利物浦
A05	托特纳姆热刺	2	VS	2	A06	曼联
A07	巴塞罗那	0	VS	1	A08	尤文图斯
A09	皇家马德里	0	VS	0	A10	巴黎圣日耳曼
			第二轮			
A10	巴黎圣日耳曼		VS		A01	AC米兰
A02	阿贾克斯		VS		A03	塞维利亚
A04	利物浦		VS		A05	托特纳姆热刺
A06	曼联		VS		A07	巴塞罗那
A08	尤文图斯		VS		A09	皇家马德里
			第三轮			
A05	托特纳姆热刺		VS		A02	阿贾克斯
A07	巴塞罗那		VS		A04	利物浦
A09	皇家马德里		VS		A06	曼联
A01	AC米兰		VS		A08	尤文图斯
A10	巴黎圣日耳曼		VS		A10	巴黎圣日耳曼

图 2－57

A	B	C	D	E	F	G	H	I	J	K
名次	球队代号	球队名称	积分	总场数	胜场	负场	平场	进球数	失球数	净胜球
1	A01	AC米兰	3	1	1	0	0	2	1	1
2	A02	阿贾克斯	0	1	0	1	0	1	2	-1
3	A03	塞维利亚	0	1	0	1	0	1	3	-2
4	A04	利物浦	3	1	1	0	0	3	1	2
5	A05	托特纳姆热刺	1	1	0	0	1	2	2	0
6	A06	曼联	1	1	0	0	1	2	2	0
7	A07	巴塞罗那	0	1	0	1	0	0	1	-1
8	A08	尤文图斯	3	1	1	0	0	1	0	1
9	A09	皇家马德里	1	1	0	0	1	0	0	0
10	A10	巴黎圣日耳曼	1	1	0	0	1	0	0	0

图 2－58

要求：

①在 6.3 球队赛程信息中，当录入比分资料后，Excel 能够自动统计出球队相关数据并录入 6.4 球队积分中，计算规则如下：

积分：胜一场得 3 分，平一场得 1 分，负一场得 0 分，积分累加。

总场数：比赛的场次数量。

胜场：比赛获胜的场次数量。

负场：比赛失利的场次数量。

平场：比赛打平的场次数量。

进球数：各轮比赛的进球数量汇总。

失球数：各轮比赛的失球数量汇总。

净胜球：进球数减去失球数后得到的数量。

②在球队赛程信息中录入数据后马上可得出积分结果，如图 2－59 与图 2－60 所示。当一轮赛事完成录入分数后，积分表马上可以自动统计相关数据。例如，当 A10 球队与 A01 球队、A02 球队与 A03 球队完成比赛分数录入后，积分表马上可以体现出这两场比赛的积分结果及相关数据。

A	B	C	D	E	F	G
			第一轮			
A01	AC米兰	2	VS	1	A02	阿贾克斯
A03	塞维利亚	1	VS	3	A04	利物浦
A05	托特纳姆热刺	2	VS	2	A06	曼联
A07	巴塞罗那	0	VS	1	A08	尤文图斯
A09	皇家马德里	0	VS	0	A10	巴黎圣日耳曼
			第二轮			
A10	巴黎圣日耳曼	1	VS	2	A01	AC米兰
A02	阿贾克斯	1	VS	1	A03	塞维利亚
A04	利物浦		VS		A05	托特纳姆热刺
A06	曼联		VS		A07	巴塞罗那
A08	尤文图斯		VS		A09	皇家马德里
			第三轮			
A05	托特纳姆热刺		VS		A02	阿贾克斯
A07	巴塞罗那		VS		A04	利物浦
A09	皇家马德里		VS		A06	曼联
A01	AC米兰		VS		A08	尤文图斯
A10	巴黎圣日耳曼		VS		A10	巴黎圣日耳曼

图 2－59

A	B	C	D	E	F	G	H	I	J	K
名次	球队代号	球队名称	积分	总场数	胜场	负场	平场	进球数	失球数	净胜球
1	A01	AC米兰	6	2	2	0	0	4	2	2
2	A02	阿贾克斯	1	2	0	1	1	2	3	-1
3	A03	塞维利亚	1	2	0	1	1	2	4	-2
4	A04	利物浦	3	1	1	0	0	3	1	2
5	A05	托特纳姆热刺	1	1	0	0	1	2	2	0
6	A06	曼联	1	1	0	0	1	2	2	0
7	A07	巴塞罗那	0	1	0	1	0	0	1	-1
8	A08	尤文图斯	3	1	1	0	0	1	0	1
9	A09	皇家马德里	1	1	0	0	1	0	0	0
10	A10	巴黎圣日耳曼	1	2	0	1	1	1	2	-1

图 2－60

6.6 在 Excel 中实现排序作业

在 6.5 作业中，我们根据赛事情况获取了球队的积分及相关数据，在这一节中，我们针对球队的积分需要在 Excel 里面实现排序作业，如图 2-57、图 2-58 所示，球队比赛获得了积分，必须进行联赛排名，如图 2-61 所示：

A	B	C	D	E	F	G	H	I	J	K
名次	球队代号	球队名称	积分	总场数	胜场	负场	平场	进球数	失球数	净胜球
1	A04	利物浦	3	1	1	0	0	3	1	2
2	A01	AC米兰	3	1	1	0	0	2	1	1
3	A08	尤文图斯	3	1	1	0	0	1	0	1
4	A05	托特纳姆热刺	1	1	0	0	1	2	2	0
5	A06	曼联	1	1	0	0	1	2	2	0
6	A09	皇家马德里	1	1	0	0	1	0	0	0
7	A10	巴黎圣日耳曼	1	1	0	0	1	0	0	0
8	A02	阿贾克斯	0	1	0	1	0	1	2	-1
9	A07	巴塞罗那	0	1	0	1	0	0	1	-1
10	A03	塞维利亚	0	1	0	1	0	1	3	-2

图 2-61

要求：

①积分表进行自动排序，排序依据是：积分多的排名靠前，积分一致，净胜球多的排名靠前，净胜球一致则进球数多的靠前。

②名次列顺序不变。

③实现自动排序，即当积分出现了变化，排名顺序马上会进行更新，如图 2-59、图 2-60 所示，排名情况如图 2-62 所示。

A	B	C	D	E	F	G	H	I	J	K
名次	球队代号	球队名称	积分	总场数	胜场	负场	平场	进球数	失球数	净胜球
1	A01	AC米兰	6	2	2	0	0	4	2	2
2	A04	利物浦	3	1	1	0	0	3	1	2
3	A08	尤文图斯	3	1	1	0	0	1	0	1
4	A05	托特纳姆热刺	1	1	0	0	1	2	2	0
5	A06	曼联	1	1	0	0	1	2	2	0
6	A09	皇家马德里	1	1	0	0	1	0	0	0
7	A02	阿贾克斯	1	2	0	1	1	2	3	-1
8	A10	巴黎圣日耳曼	1	2	0	1	1	1	2	-1
9	A03	塞维利亚	1	2	0	1	1	2	4	-2
10	A07	巴塞罗那	0	1	0	1	0	0	1	-1

图 2-62

6.7 在 Excel 中实现数据筛选

在 6.6 作业中，我们获取了球队赛事积分情况及进行了排序，在此节中，需要对里面的某些列数据进行筛选。当需要筛选积分为 3 或者 6 的球队时，实现效果如图 2-63 所示。

名次	球队代号	球队名称	积分	总场数	胜场	负场	平场	进球数	失球数	净胜球
1	A01	AC米兰	6	2	2	0	0	4	2	2
2	A04	利物浦	3	1	1	0	0	3	1	2
3	A08	尤文图斯	3	1	1	0	0	1	0	1

图 2－63

当需要筛选进球数量大于或等于 2 个的球队数据时，实现效果如图 2－64 所示。

名次	球队代号	球队名称	积分	总场数	胜场	负场	平场	进球数	失球数	净胜球
4	A05	托特纳姆热刺	1	1	0	0	1	2	2	0
5	A06	曼联	1	1	0	0	1	2	2	0
6	A09	皇家马德里	1	1	0	0	1	0	0	0
7	A02	阿贾克斯	1	2	0	1	1	2	3	-1
8	A10	巴黎圣日耳曼	1	2	0	1	1	1	2	-1
9	A03	塞维利亚	1	2	0	1	1	2	4	-2
10	A07	巴塞罗那	0	1	0	1	0	0	1	-1

图 2－64

要求：可对各列进行筛选。

6.8 进行球场资料维护界面的设计

利用界面设计工具设计球场资料维护界面。要求：

（1）必须展现关键字段——球场编号与球场描述。

（2）必须布置好新增、修改、删除等按钮。

（3）必须使用列表控件。

（4）必须展现新增、修改、删除后的效果。

6.9 进行教练资料维护界面的设计

利用界面设计工具设计教练资料维护界面。要求：

（1）必须展现关键字段——教练编号、姓名、电话、地址等。

（2）必须布置好新增、修改、删除等按钮。

（3）必须使用列表控件。

（4）必须展现新增、修改、删除后的效果。

6.10 进行球队资料维护界面的设计

利用界面设计工具设计球队资料维护界面。维护功能包括修改、增加、删除、保存的界面。要求：

（1）必须展现关键字段——球队编号、球队名称、使用场地、球队教练等。

（2）必须布置好新增、修改、删除等按钮。

（3）必须使用列表控件。

（4）必须展现新增、修改、删除后的效果。

（5）球队场地和球队教练必须从场地与教练的资料表中进行选择，需对选择的控件进行设计。

6.11 进行球员资料维护界面的设计

利用界面设计工具设计球员资料维护界面。要求：

（1）必须展现关键字段——球员编号、姓名、所在球队、位置、身高、体重、年龄、球员号码等。

（2）必须布置好新增、修改、删除等按钮。

（3）必须使用列表控件。

（4）必须展现新增、修改、删除后的效果。

（5）所在球队场地在球队资料表中进行选择，须对选择的控件进行设计。

6.12 进行比赛进程设定界面的设计

利用界面设计工具设计比赛进程设定界面。要求：

（1）必须展现关键字段——赛季、轮次、主队名、客队名、主队比分、客队比分等。

（2）必须布置好修改、删除等按钮。

（3）必须使用列表控件。

（4）必须展现新增、删除后的效果。

（5）可以进行查询，查询字段使用赛季和轮次。

（6）所在球队场地在球队资料表中进行选择，须对选择的控件进行设计。

（7）必须布置生成赛程的按钮，点击后生成赛季各个轮次的球队对战表。

（8）录入了比分后的赛次不可进行修改，需要在界面上进行描述。

6.13 进行球队积分表界面的设计

利用界面设计工具设计球队积分表界面。要求：

（1）主要是查询界面，需要体现赛季的查询，包括赛季的录入框以及查询确认按钮。

（2）必须使用列表控件，在查询结果中包含赛季、名次、球队名、总场数、胜场、负场、平场、进球数、失球数、净胜球、积分等字段信息。

（3）在进入界面时设计默认赛季并带出数据，须注明效果。

6.14 进行球员进球排列界面的设计

利用界面设计工具设计球员进球排列界面。要求：

（1）主要是查询界面，需要体现赛季的查询，包括赛季的录入框以及查询确认按钮。

（2）必须使用列表控件，在查询结果中包含赛季、名次、球员代号、球队代号、进球数等字段信息。

（3）在进入界面时设计默认赛季并带出数据，须注明效果。

6.15 进行饼状图报表的设计

利用界面设计工具设计饼状图报表界面。要求：

（1）主要是查询界面，需要体现赛季的查询，包括赛季的录入框以及查询确认按钮。

（2）使用饼状图，能够体现各球队在赛季中进球的占比。

（3）在进入界面时设计默认赛季并带出数据，须注明效果。

6.16 进行线状图报表的设计

利用界面设计工具设计线状图报表的界面。要求：

（1）主要是查询界面，需要体现赛季的查询，包括赛季的录入框以及查询确认按钮。

（2）使用线状图，能够体现各球队在赛季中积分变化的曲线图。

（3）在进入界面时设计默认赛季并带出数据，须注明效果。

7. 任务成果展示

在此阶段，需要制作一个 PowerPoint 展示文件，来向你的销售对象讲解本产品。制作 PowerPoint 时，应遵循以下风格及要求：

（1）标题字号不小于 40 磅，正文字号大于 24 磅。

（2）正文幻灯片的底部显示班级名称、演讲者名称及学号。班级名称如 15 商务软件开发与应用高级（1）班，演讲者名称如李雷，演讲者学号如 051531。

当进行 PowerPoint 展示时，需要：

（1）展示出你所开发的系统的所有部分，以及特色功能设计与实现。

（2）展示的内容应该包含系统流程图及实体关系图、用例图等。

（3）确保演示文稿是专业的和完整的（包括母版、切换效果、动画效果、链接）。

（4）使用清晰的语言表达。

（5）演示方式要流畅专业。

（6）必须具有良好的礼仪礼貌。

（7）把握演讲时间及掌握演讲技巧。

8. 任务评审标准

本任务评审的技能标准与权重参照世界技能大赛（WSSS）的技能标准规范，如表2－17所示。

表2－17　评审标准

部分	技能标准	权重
1. 工作组织和管理	个人需要知道和理解： ➢ 团队高效工作的原则与措施 ➢ 系统组织的原则和行为 ➢ 系统的可持续性、策略性、实用性 ➢ 从各种资源中识别、分析和评估信息	5
	个人应能够： ➢ 合理分配时间，制订每日开发计划 ➢ 使用计算机或其他设备以及一系列软件包 ➢ 运用研究技巧和技能，紧跟最新的行业标准 ➢ 检查自己的工作是否符合客户与组织的需求	
2. 交流和人际交往技能	个人需要知道和理解： ➢ 聆听技能的重要性 ➢ 与客户沟通时，严谨与保密的重要性 ➢ 解决误解和冲突的重要性 ➢ 取得客户信任并与之建立高效工作关系的重要性 ➢ 写作和口头交流技能的重要性	5
	个人应能够使用读写技能： ➢ 遵循指导文件中的文本要求 ➢ 理解工作场地说明和其他技术文档 ➢ 与最新的行业准则保持一致 个人应能够使用口头交流技能： ➢ 对系统说明进行讨论并提出建议 ➢ 使客户及时了解系统进展情况 ➢ 与客户协商项目预算和时间表 ➢ 收集和确定客户需求 ➢ 演示推荐的和最终的软件解决方案	

（续上表）

<table>
<tr><th>部分</th><th>技能标准</th><th>权重</th></tr>
<tr><td>2. 交流和人际交往技能</td><td>个人应能够使用写作技能：
➢ 编写关于软件系统的文档（如技术文档、用户文档）
➢ 使客户及时了解系统进展情况
➢ 确定所开发的系统符合最初的要求并获得用户的签收
个人应能够使用团队交流技能：
➢ 与他人合作开发所要求的成果
➢ 善于团队协作，共同解决问题
个人应能够使用项目管理技能：
➢ 对任务进行优先排序，并做出计划
➢ 分配任务资源</td><td></td></tr>
<tr><td rowspan="2">3. 问题解决、革新和创造性</td><td>个人需要知道和理解：
➢ 软件开发中常见问题类型
➢ 企业组织内部常见问题类型
➢ 诊断问题的方法
➢ 行业发展趋势，包括新平台、语言、规则和专业技能</td><td rowspan="2">5</td></tr>
<tr><td>个人应能够使用分析技能：
➢ 整合复杂和多样的信息
➢ 确定说明中的功能性和非功能性需求
个人应能够使用调查和学习技能：
➢ 获取用户需求（如通过交谈、问卷调查、文档搜索和分析、联合应用设计和观察）
➢ 独立研究遇到的问题
个人应能够使用解决问题技能：
➢ 及时地查出并解决问题
➢ 熟练地收集和分析信息
➢ 制订多个可选择的方案，从中选择最佳方案并实现</td></tr>
<tr><td>4. 分析和设计软件解决方案</td><td>个人需要知道和理解：
➢ 确保客户最大利益来开发最佳解决方案的重要性
➢ 使用系统分析和设计方法的重要性（如统一建模语言）
➢ 采用合适的新技术
➢ 系统设计最优化的重要性</td><td>30</td></tr>
</table>

（续上表）

部分	技能标准	权重
4. 分析和设计软件解决方案	个人应能够分析系统： ➢ 用例建模和分析 ➢ 结构建模和分析 ➢ 动态建模和分析 ➢ 数据建模工具和技巧 个人应能够设计系统： ➢ 类图、序列图、状态图、活动图 ➢ 面向对象设计和封装 ➢ 关系或对象数据库设计 ➢ 人机互动设计 ➢ 安全和控制设计 ➢ 多层应用设计	
5. 开发软件解决方案	个人需要知道和理解： ➢ 确保客户最大利益来开发最佳解决方案的重要性 ➢ 使用系统开发方法的重要性 ➢ 考虑所有正常和异常以及异常处理的重要性 ➢ 遵循标准（如编码规范、风格指引、UI 设计、管理目录和文件）的重要性 ➢ 准确与一致的版本控制的重要性 ➢ 使用现有代码作为分析和修改的基础 ➢ 从所提供的工具中选择最合适的开发工具的重要性	40
	个人应能够： ➢ 使用数据库管理系统 SQL Server 来为所需系统创建、存储和管理数据 ➢ 使用最新的 . NET 开发平台 Visual Studio 开发一个基于客户端/服务器架构的软件解决方案 ➢ 评估并集成合适的类库与框架到软件解决方案中构建多层应用 ➢ 为基于 Client – Server 的系统创建一个网络接口	
6. 测试软件解决方案	个人需要知道和理解： ➢ 迅速判定软件应用的常见问题 ➢ 全面测试软件解决方案的重要性 ➢ 对测试进行存档的重要性	10

(续上表)

部分	技能标准	权重
6. 测试软件解决方案	个人应能够: ➢ 安排测试活动(如单元测试、容量测试、集成测试、验收测试等) ➢ 设计测试用例,并检查测试结果 ➢ 调试和处理错误 ➢ 生成测试报告	
7. 编写软件解决方案文档	个人需要知道和理解: ➢ 使用文档全面记录软件解决方案的重要性	5
	个人应能够: ➢ 开发出具有专业品质的用户文档和技术文档	

9. 任务评分标准

本任务的评分标准如表 2-18 所示。

表 2-18 评分标准

WSSS Section(世界技能大赛标准)		Criteria(标准)					Mark(评分)
		A(系统分析设计)	B(软件开发)	C(开发标准)	D(系统文档)	E(系统展示)	
1	工作组织和管理	3	2				5
2	交流和人际交往技能		5				5
3	问题解决、革新和创造性		5				5
4	分析和设计软件解决方案	22	8				30
5	开发软件解决方案		35	5			40
6	测试软件解决方案		5		5		10
7	编写软件解决方案文档					5	5
Total(总分)		25	60	5	5	5	100

10. 系统分值

本任务的系统分值如表 2－19 所示。

表 2－19 系统分值

Criteria（标准）	Description（描述）	SM（主观评分）	OM（客观评分）	TM（总分）	Mark（评分）
A	系统分析设计		20～35	20～35	20
B	软件开发		45～70	45～70	65
C	开发标准		3～5	3～5	5
D	系统文档		5	3～5	5
E	系统展示	5		5	5
小计		5	95	100	100

11. 评分细则

本任务的评分细则如表 2－20 所示。

表 2－20 评分细则

Criteria（标准）	Sub Criteria（子标准）	Sub Criteria Description（子标准描述）	Aspect（方向）	Aspect of Sub Criteria Description（子方向描述）	Mark（评分）	Result（得分结果）
A	A1	提交文件、命名规范	O1	按照规则正确命名，按要求命名并正确归档。每错 1 处扣 0.5 分，扣完为止	5	
B	B1	创建球场表	O1	命名规范，使用英文简称；字段类型和大小值合理；合理的默认值。每错 1 处扣 0.1 分，扣完为止	1	
				须含球场代号、球场描述这两个字段。少 1 个扣 0.5 分	1	
				球场代号为主键。没有设置主键扣 0.5 分	0.5	

（续上表）

Criteria（标准）	Sub Criteria（子标准）	Sub Criteria Description（子标准描述）	Aspect（方向）	Aspect of Sub Criteria Description（子方向描述）	Mark（评分）	Result（得分结果）
B	B1	创建教练表	O2	命名规范，使用英文简称；字段类型和大小值合理；合理的默认值。每错1处扣0.1分，扣完为止	1	
				须含教练代号、教练名、联系电话、地址等字段。少1个扣0.5分	1	
				教练代号为主键。没有设置主键扣0.5分	0.5	
		创建球队表	O3	命名规范，使用英文简称；字段类型和大小值合理；合理的默认值。每错1处扣0.1分，扣完为止	1	
				须含球队代号、球队名称、主场、主教练等字段。少1个扣0.25分	1	
				主场与主教练为外键。外键的命名须与原表的命名一致，须有外键说明	0.5	
				球队代号为主键。没有设置主键扣0.5分	0.5	
		创建球员表	O4	命名规范，使用英文简称；字段类型和大小值合理；合理的默认值。每错1处扣0.1分，扣完为止	1	
				须含球员代号、球员姓名、球队代号、位置、身高、体重、年龄、球员号码等字段。少1个扣0.2分，扣完为止	1	
				球队代号为外键。外键的命名须与原表的命名一致，须有外键说明	0.5	
				球员代号为主键。没有设置主键扣0.5分	0.5	

（续上表）

Criteria（标准）	Sub Criteria（子标准）	Sub Criteria Description（子标准描述）	Aspect（方向）	Aspect of Sub Criteria Description（子方向描述）	Mark（评分）	Result（得分结果）
B	B1	创建比赛进程表	O5	命名规范，使用英文简称；字段类型和大小值合理；合理的默认值。每错1处扣0.1分，扣完为止	1	
				须含主队名、客队名、轮次、主队比分、客队比分等字段。少1个扣0.5分，扣完为止	1	
				主队名与客队名为外键，须提供外键说明	0.5	
				主队名、客队名与轮次为主键。每少1个扣0.2分，扣完为止	0.5	
		创建球队积分表	O6	命名规范，使用英文简称；字段类型和大小值合理；合理的默认值。每错1处扣0.1分，扣完为止	1	
				须含赛季、名次、球队名、总场数、胜场、负场、平场、进球数、失球数、净胜球、积分等字段。少1个扣0.5分	1	
				球队名为外键。外键的命名须与原表的命名一致，须有外键说明	0.5	
				赛季、名次为主键，每少1个扣0.25分，扣完为止	0.5	
		创建球员进球表	O7	命名规范，使用英文简称；字段类型和大小值合理；合理的默认值。每错1处扣0.1分；扣完为止	1	
				须含赛季、名次、球员代号、球队代号、进球数等字段。少1个扣0.3分，扣完为止	1	
				赛季、名次、球员代号为主键，每少1个扣0.25分，扣完为止	0.5	
				球员代号为外键。外键的命名须与原表的命名一致，须有外键说明	0.5	

（续上表）

Criteria（标准）	Sub Criteria（子标准）	Sub Criteria Description（子标准描述）	Aspect（方向）	Aspect of Sub Criteria Description（子方向描述）	Mark（评分）	Result（得分结果）
B	B2	创建球场资料数据	O8	第一行字段描述，字段少1个扣0.1分	1	
				创建10笔数据，每少1笔扣0.2分	1	
				代号录入不符合要求的每个扣0.2分	1	
		创建教练资料数据	O9	第一行字段描述，字段少1个扣0.1分	1	
				创建10笔数据，每少1笔扣0.2分	1	
				代号录入不符合要求的每个扣0.2分	1	
		创建球队资料数据	O10	第一行字段描述，字段少1个扣0.1分	1	
				创建10笔数据，每少1笔扣0.2分	1	
				代号录入不符合要求的每个扣0.2分	1	
		创建球员资料数据	O11	主教练字段录入为代号，每错一个扣0.2分	1	
				第一行字段描述，字段少1个扣0.1分	1	
				创建至少130笔数据，每少1笔扣0.1分	1	
				代号录入不符合要求的每个扣0.2分	1	
				必须录入的字段，每少1个扣0.1分	1	
				球员号码在一支球队中不可重复，每错1处扣0.1分	1	

（续上表）

Criteria（标准）	Sub Criteria（子标准）	Sub Criteria Description（子标准描述）	Aspect（方向）	Aspect of Sub Criteria Description（子方向描述）	Mark（评分）	Result（得分结果）
B	B3	创建球队赛程信息	O12	一共18轮赛事，少一轮扣0.2分	2	
				球队一轮是主，一轮是客，每错1处扣0.2分	1	
				每两支球队不能在两轮连续相遇，每处错误扣0.5分	2	
	B4	建立球队积分信息	O13	第一行字段描述，字段少1个扣0.1分	1	
				10支球队一共创建10笔数据，每少1笔扣0.2分	1	
				10支球队为球队资料表中的数据，如果不是，每发现1处错误扣0.2分	1	
	B5	球队积分自动计算	O14	球队积分在赛事结果录入后，积分可实现自动计算。数据计算错误每发现1处扣1分，扣完为止	3	
	B6	球队排序作业	O15	球队可按照要求进行排列。每发现1处错误扣1分，扣完为止	2	
	B7	数据筛选作业	O16	每一列都可以实现数据筛选，每发现1处错误扣1分，扣完为止	2	
	B8	球场资料界面设计	O17	至少有2个数据字段，少1个扣0.5分	1	
				包含3个按钮与1个列表控件，少1个扣0.5分	2	
				必须有新增、修改、删除后的效果体现，每个效果0.5分	1.5	

（续上表）

Criteria（标准）	Sub Criteria（子标准）	Sub Criteria Description（子标准描述）	Aspect（方向）	Aspect of Sub Criteria Description（子方向描述）	Mark（评分）	Result（得分结果）
B	B9	教练资料界面设计	O18	至少有4个数据字段，少1个扣0.5分	2	
				包含3个按钮与1个列表控件，少1个扣0.5分	2	
				必须有新增、修改、删除后的效果体现，每个效果0.5分	1.5	
	B10	球员资料界面设计	O19	至少有4个数据字段，少1个扣0.5分	2	
				包含3个按钮与1个列表控件，少1个扣0.5分	2	
				必须有新增、修改、删除后的效果体现，每个效果0.5分	2	
	B11	比赛进程设定界面	O20	至少有6个数据字段，少1个扣0.5分	2	
				包含3个按钮（修改、删除、查询，赛程生成）与1个列表控件，查询字段为赛季和轮次，有2个输入框，少1个扣0.5分	2	
	B12	球队积分界面	O21	至少有11个数据字段，少1个扣0.25分	2	
				包含1个查询确认与1个列表控件，查询字段为赛季输入框，少1个扣0.5分	1	
				必须有默认进入界面的数据效果展示	1	
	B13	球员进球界面	O22	起码有5个数据字段，少1个扣0.5分	2	
				包含1个查询确认与1个列表控件，查询字段为赛季输入框，少1个扣0.5分	1	
				必须有默认进入界面的数据效果展示	1	

（续上表）

Criteria（标准）	Sub Criteria（子标准）	Sub Criteria Description（子标准描述）	Aspect（方向）	Aspect of Sub Criteria Description（子方向描述）	Mark（评分）	Result（得分结果）
B	B14	饼状图设计	O23	包含1个查询确认与1个列表控件，查询字段为赛季输入框，少1个扣0.5分	1	
				必须有饼状图展示	1.5	
				必须有默认进入界面的数据效果展示	1	
	B15	线状图设计	O24	包含1个查询确认与1个列表控件，查询字段为赛季输入框，少1个扣0.5分	1	
				必须有曲线图展示	1.5	
				必须有默认进入界面的数据效果展示	1	
D	D1	系统文档	O1	需要提交完成的成果文档，少提交一个文档扣1分，扣完为止	5	
E	E1	PPT制作与展示	S1	展示出作业成果，确保演示文稿是专业的和完整的（包含母版、切换效果、动画效果、链接），具备良好的语言表达、演示方式、礼仪礼貌、演讲技巧	5	

三、工作任务三：物流供应链管理系统建模

1. 任务背景

（1）任务企业背景。

SCM供应链管理系统是一种企业建立有效合作模式的集成管理体系，使企业通过有效控制信息流、资金流，实现制造商、供应商、分销商的生产经营，以及仓库、配送中

心和渠道商的集成和优化运作。将供应链参与的各方提升到协同合作，不仅包括企业内部职能之间的协调、企业与供应商之间的信息数据交换，还包括策略的规划和风险的共担，实现“采购—生产—库存—配送”链式结构中的重要信息资源在供应网络中流动，构成物流网络。在从原材料的采购开始生产成品，到利用销售网络把产品销售出去的过程中，合作伙伴实现优势互补，达到降低供应链成本，及时准确响应市场需求的目的。

广州×××集团内企业数量多、地域跨度大、业务跨越广、管理数据冗繁，导致业务协作困难，企业效率从总体方面提升困难；企业战略上往往需要推动业务高速扩张，但在业务操作层面，执行跟不上战略的管控要求矛盾突出，导致企业在规模扩张的同时，成本及管理效率同步提升遇到瓶颈；客户、供应商、物流资源、市场开拓能力等集团资源分布在集团各层面需要整合共享，形成服务全集团的强大竞争动力和优势；推行先进的管理方法，却得不到相应的手段支持，如图 2－65 所示。例如，想达到产品“零库存”状态，却得不到准确的需求信息，从而导致集团总部实现了“零库存”，下属机构却严重积压的状况；实现销售政策在整个销售体系中的一体化管控，却没有监控机构或经销商销售报价的手段，最后只能成为事后的管理；供应链成本构成了产品成本结构中很大一块比例，传统或手工管理方式下，对成本的动因的分析缺少准确的数据支持，不能准确找出成本高企的原因，更进一步实施精细化管理就失去基础。ABC 成本法目前已在许多大企业得到熟练运用，成本管理方式的变革，直接导致企业组织模型、决策模型的变革，但需要强大的成本数据管理框架的支持；供应链管理所面临的挑战，需要通过信息技术手段来解决，SCM 系统需要全面支撑集团企业的供应链整合管理。要建立集团各业务中心的管理平台支持，并共享各中心协作数据。

随着企业规模扩大，组织架构与业务越来越复杂，管理难度越来越大！

图 2－65

（2）企业供应链的功能需求。

物流供应链管理系统解决方案架构，包括集中采购、联合仓储、销售与分销管理、成本控制等核心内容，并与集团战略管理实现数据集成，通过集团层面运营基础政策的管控，达到降低运营成本、随时掌握库存状况的效果，充分发挥集团资源整合优势，实现整体效益最大化，如图 2－66 所示。

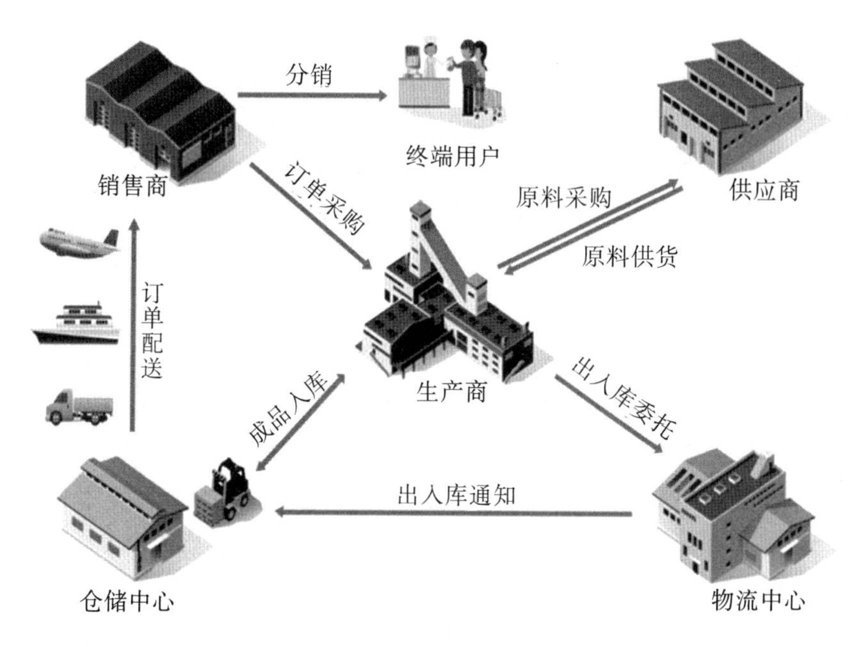

图 2－66

具体的企业功能需求如下：

①销售模块。作为供应链的源头以及制造商的上游客户，供应链的下单流程、供应链的起点与终点，其具体的核心功能包括采购订单录入、采购订单审核、采购订单发送、收货通知、订单记录等。

②MES 生产制造模块（中游生产商）。接收分销客户的采购订单，并制订生产计划、组织原材料物流以及成品物流管理。其作为供应链的核心，串联上游供应商、下游客户以及第三方物流公司。具体的核心功能如下：

基础数据管理：管理零件类型、零件资料、工艺流程、生产线、供应商资料、客户资料、BOM 设计、仓库等数据。

订单管理：计划订单、订单处理。

采购管理：管理 MDS 采购需求、原材料采购审核、原材料采购收货。

生产计划：MRP 物料需求计划，成品、半成品需求计划。

生产管理：生产派工、产品途程单以及追踪管理。

库存管理：原材料、成品仓库库存明细，可视化库存管理。

工位看板：车间数据采集。

委托管理：成品入库委托、送货委托。

③物流仓储模块（第三方物流中心）。第三方物流中心负责生产商的存储业务与配送业务，其核心功能包括两大块：物流中心与仓储业务。

基础数据：商品分类、商品档案、货主档案、仓库档案、托盘资料。

委托管理：入库委托与配送委托、订单发货。

物流仓库管理：管理收货作业、托盘上架、拣货作业、库存明细。

④供应商管理模块。作为生产商的供应商，提供原材料的报价以及备货。其核心功能包括管理采购订单、采购备货、采购发货。

2. 任务要求

（1）阅读任务书，与主管、客户沟通，确认客户的软件需求和使用习惯。

（2）明确企业的功能模块需求，确定供应链的整体功能，并建立功能之间的联系，完成供应链整体功能结构图。

（3）完成供应链登录功能设计，完成登录功能的活动图、用例图、序列图和状态图。

（4）完成销售业务、MRP 物料需求计划的活动图、类图、协作图。

（5）完成供应链生产模块的活动图、结构建模与分析。

（6）根据用例模型，进行系统架构建模，绘制系统的状态图、类图和交互图。

（7）按要求提交任务成果。

（8）所有地方使用合适、规范的命名。

3. 任务成果清单

本任务需要提交的任务成果清单如表 2 - 21 所示。（说明：所有文件保存在 MODULE_ 1 文件夹。）

表 2 - 21

序号	内容	命名	备注
1	供应链功能结构图	SCM_Function_Diagram_ ×××. jpg. docx	×××表示不同的功能结构图

（续上表）

序号	内容	命名	备注
2	供应链登录业务设计	SCMLogin_Activity_Diagram. jpg （登录设计活动图） SCMLogin_Sequence_Diagram. jpg （登录设计序列图） SCMLogin_Usecase_Diagram. jpg （登录设计用例图）	通过静态与动态建模，展现登录业务的角色、权限以及业务流程
3	销售业务设计	SCMSale_Activity_Diagram. jpg SCMSale_Sequence_Diagram. jpg SCMSale_Class_Diagram. jpg	销售业务活动图、序列图、类图
4	供应链管理系统之原材料采购业务设计	SCMPurchase_Activity_Diagram. jpg SCMPurchase_Sequence_Diagram. jpg SCMPurchase_Class_Diagram. jpg	
5	供应链的原材料质量检测（IQC）业务流程图	SCMIQC_Activity_Diagram. jpg	
6	成品入库业务设计	SCMStorage_Activity_Diagram. jpg SCMStorage_Sequence_Diagram. jpg SCMStorage_Usecase_Diagram. jpg SCMStorage_Class_Diagram. jpg	
7	物流配送业务设计	SCMTMS_Activity_Diagram. jpg SCMTMS_Sequence_Diagram. jpg SCMTMS_Usecase_Diagram. jpg SCMTMS_Class_Diagram. jpg SCMTMS_Object_Diagram. jpg SCMTMS_Status_Diagram. jpg	
8	物流供应链销售退货业务设计	SCMTR_Activity_Diagram. jpg SCMTR_Sequence_Diagram. jpg SCMTR_Usecase_Diagram. jpg	
9	物流供应链仓库盘点业务设计	SCMPAN_Activity_Diagram. jpg	

（续上表）

序号	内容	命名	备注
10	供应链仓库管理系统数据建模	SCMWare_ER_×××. jpg（E－R图） SCMWare_Data. xls（数据字典）	×××表示不同的E－R图名称
11	成果汇报 PowerPoint	SCMSys_×××. pptx	×××为学生英文名字或拼音

4. 知识和技能要求

在完成本任务之前，需要掌握软件开发的基本知识点和技能要求以及参考资料，具体如表2－22所示。

表2－22

序号	知识和技能	参考资料	备注
1	Office 办公软件和计算机基础知识	《Office 2013 办公应用从新手到高手》	Word 基本应用、函数、图表等；Excel 画图、制表；PowerPoint 制作
2	Visio 建模工具	《Visio 2017 宝典》	使用用例建模和分析：使用用例图、用例描述、行动者描述、用例包（use case diagram，use case description，actor description，use case package）； 结构建模和分析：对象的类和域类关系图（object，class，domain class diagram）； 动态建模和分析：序列图、协作图、状态图、活动图（sequence diagram，collaboration diagram，state diagram，activity diagram）

5. Visio 绘图工具的知识

（1）Visio 的 UML 建模——活动图。

活动图的组成元素（activity diagram element）包括以下几个：

①活动状态（Activity）。

活动状态用于表达活动状态中主体的运行状态，其特点如下：其一，活动状态可以分解成其他子活动和动作状态两种情况。其二，活动状态的内部活动可以用另一张活动图来表示，或者用泳道图进行描述。其三，动作状态是活动状态的一个特例，如果某个活动状态只包括一个动作，那么它就是一个动作状态。和动作状态不同，活动状态可以有入口动作和出口动作，也可以有内部转移的动作，但是要用箭头标注运动的方向和活动的流向。

UML 中活动状态和动作状态的图标相同，但是活动状态可以在图标中给出入口动作和出口动作等信息，如图 2－67 所示。

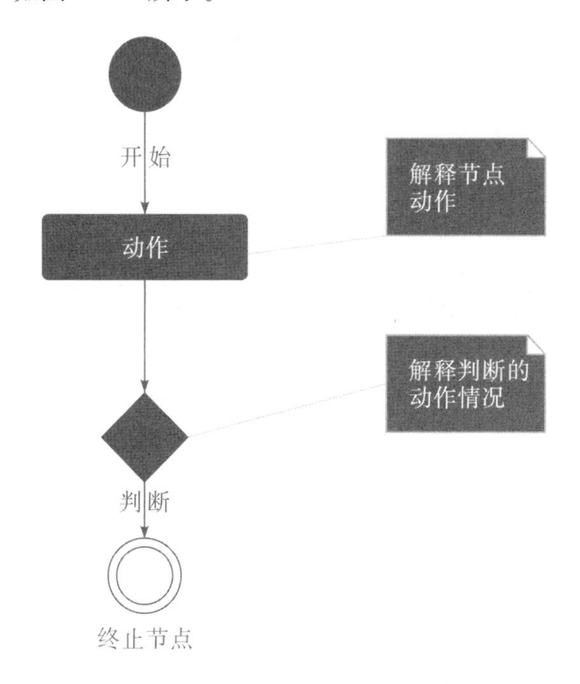

图 2－67　活动图

②动作状态（Actions）。

动作状态是指不可中断的动作，并在此动作完成后通过完成转换转向另一个状态。动作状态有如下特点：其一，动作状态是构造活动图的最小单位。其二，动作状态图是有开始和结束的，有输入和输出的转换，可以看出是某个节点的输出结果。其三，动作状态是表达动作在某个节点的状态，是局部的状态。

UML 中的动作状态图用平滑的圆角矩形表示，并且有标题和描述状态，用箭头指向流向，如图 2－68、图 2－69 所示。

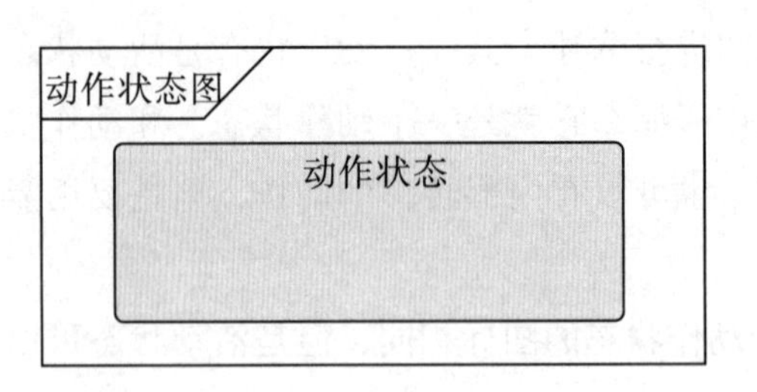

图 2-68 动作状态图

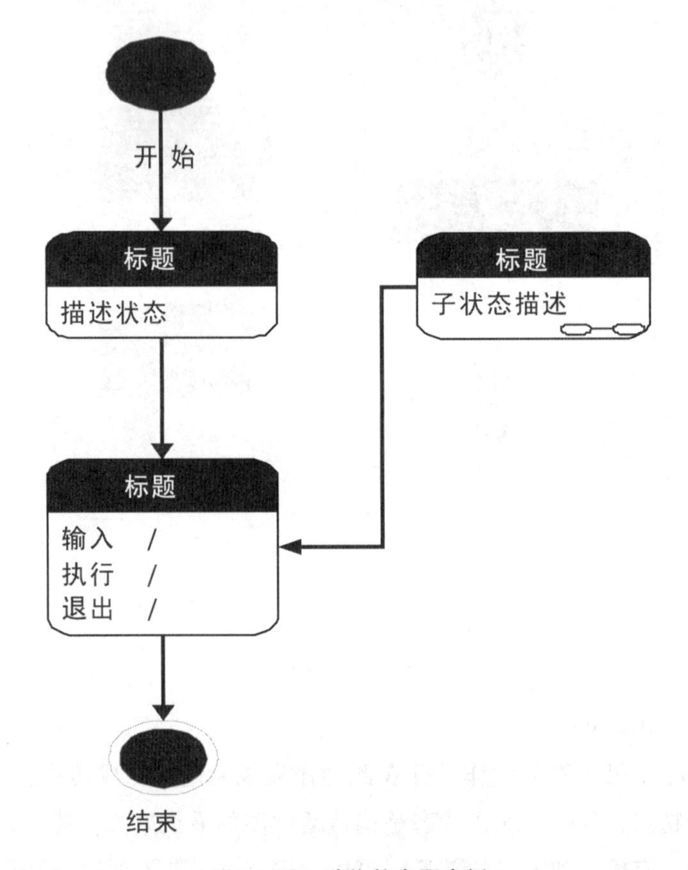

图 2-69 动作状态图案例

③动作状态约束（Action Constraints）。

用来约束动作状态。如图 2-70 所示，展示了动作状态的局部前置条件和局部后置条件。

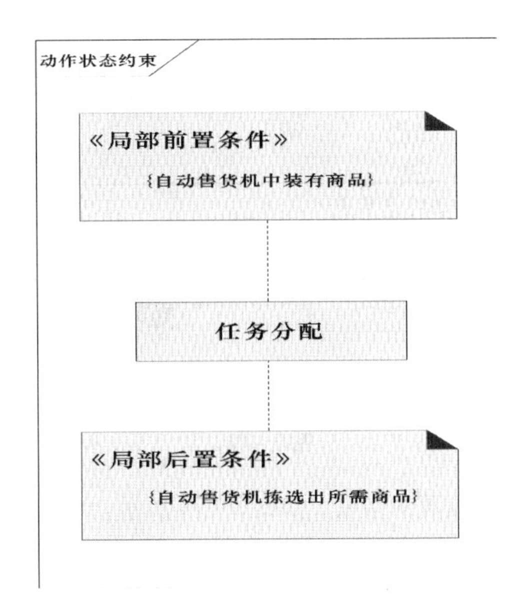

图 2-70

④控制流（Control Flow）。

动作之间的转换称为控制流，活动图的转换用带箭头的直线表示，箭头的方向指向转入的方向，如图 2-71 所示。

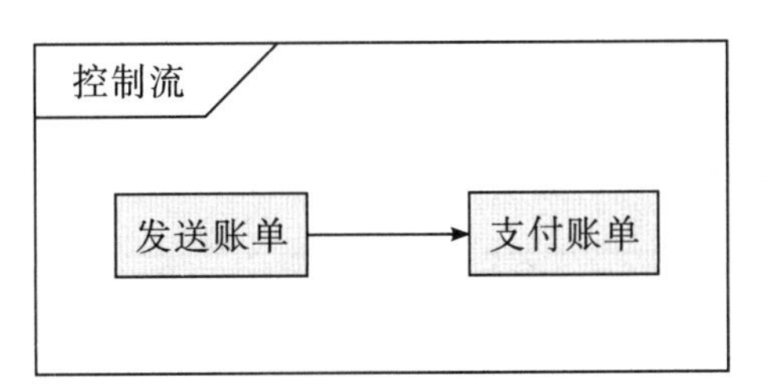

图 2-71

⑤开始节点（Initial Node）。

开始节点用实心黑色圆点表示，如图 2-72 所示。

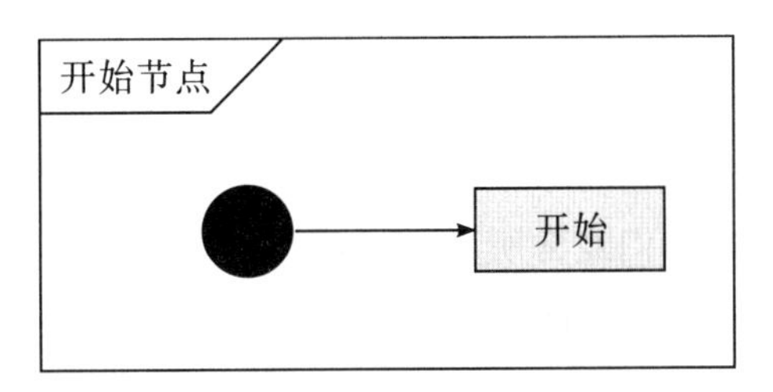

图 2-72

⑥终止节点（Final Node）。

分为活动终止节点（activity final nodes）和流程终止节点（flow final nodes）。活动终止节点表示整个活动的结束，如图 2－73 所示。

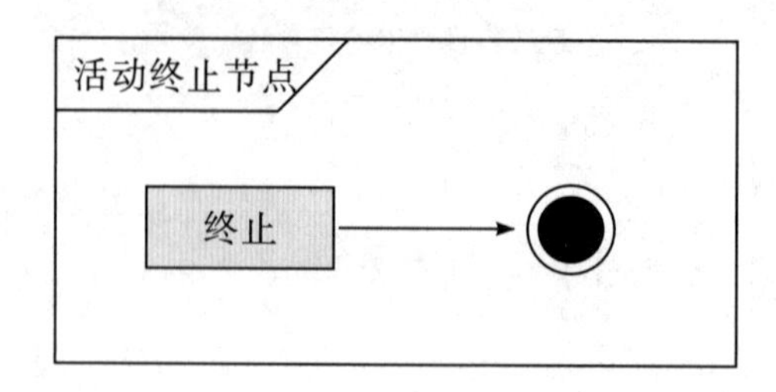

图 2－73

而流程终止节点表示子流程的结束，如图 2－74 所示。

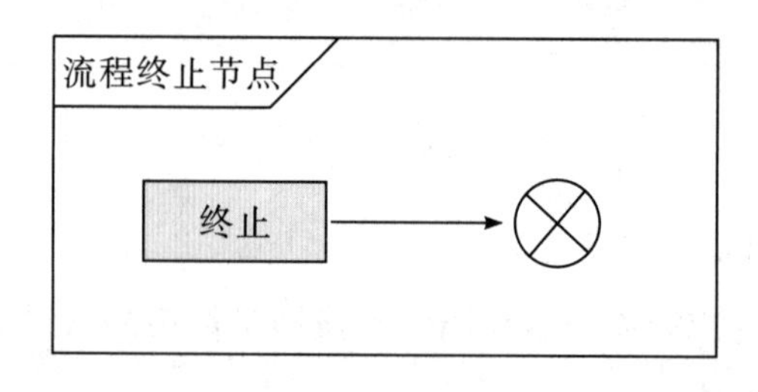

图 2－74

⑦对象（Objects）。

对象就是活动中存在的人、事、物体等实体在整个活动过程中的主体。

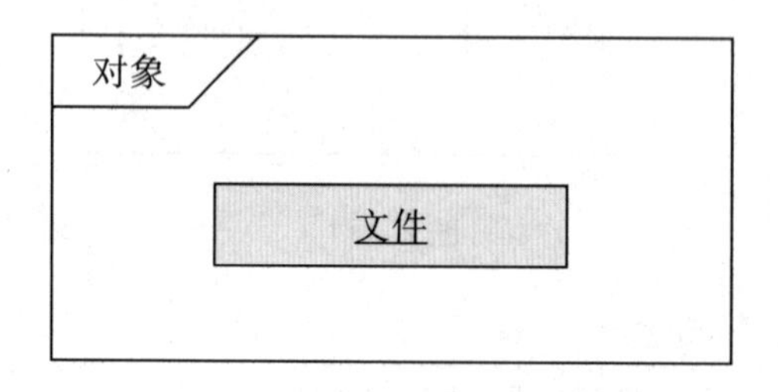

图 2－75

⑧数据存储对象（Data Store）。

数据存储对象包括数据流在加工过程中产生的临时文件或加工过程中需要查找的信息。数据以某种格式记录在我们经常所说的数据库中，然后可以存储在介质上。数据存储要命名，这种命名要反映信息特征的组成含义，如 name_data（姓名数据表）。

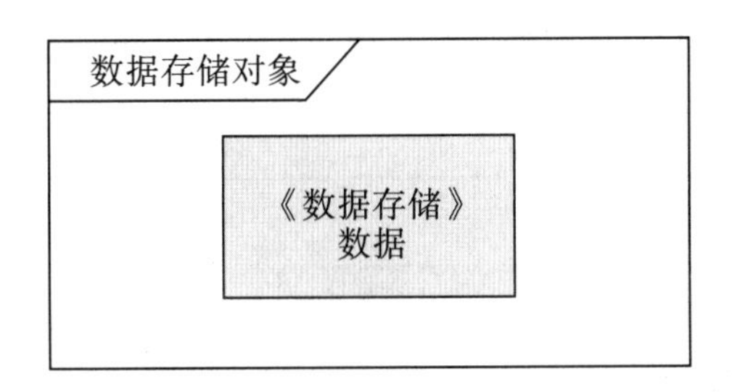

图 2－76

⑨对象流（Object Flows）。

对象流是动作状态或者活动状态与对象之间的关系，表示动作使用对象或动作对对象的影响。

对象流的图形描述了活动对象的活动流向过程和活动的主体事件。通过连接线体现主体对象和活动的流向，并且用活动图描述某个对象时，可以把涉及的对象放置在活动图中，通过对象流可以清楚对象的最终流向和结果，如图 2－77 所示。

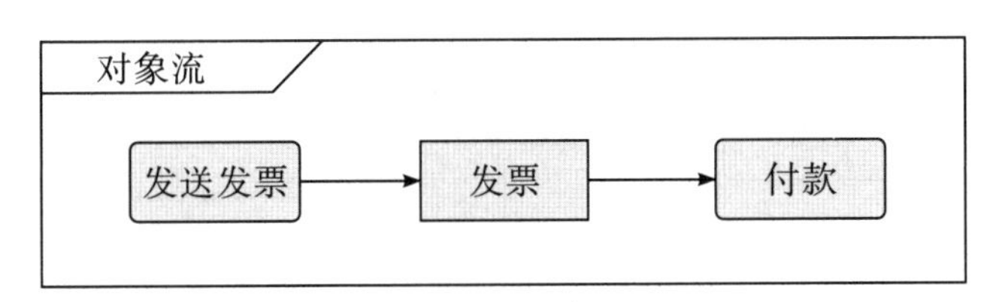

图 2－77

⑩分支与合并（Decision and Merge Nodes）。

分支与合并用菱形表示，分支是由一个判断节点分开不同的动作状态，经过不同的流向后汇合在一起进行动作合成，输出流向用箭头指向，如图 2－78 所示。

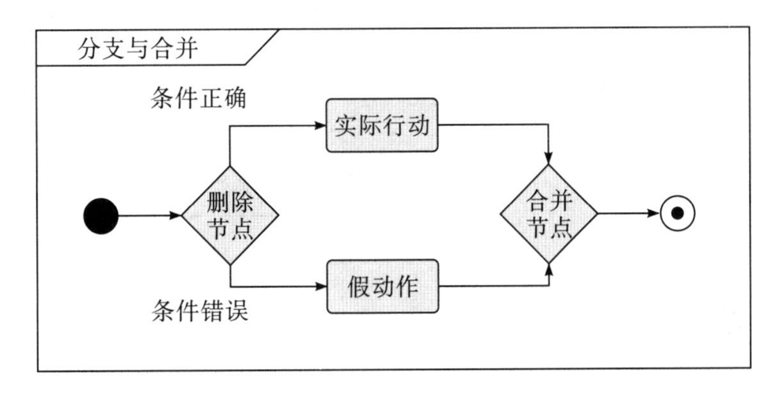

图 2－78

⑪分叉与汇合（Fork and Join Nodes）。

分为水平方向和垂直方向，一般活动情况出现多种可能动作的时候，会分叉执行活动，对于功能实现的过程中经常会遇到这种分叉与汇合的情况，每个分叉都有独立活动过程，动作完成后汇合继续执行下一个活动，如图 2－79 所示。

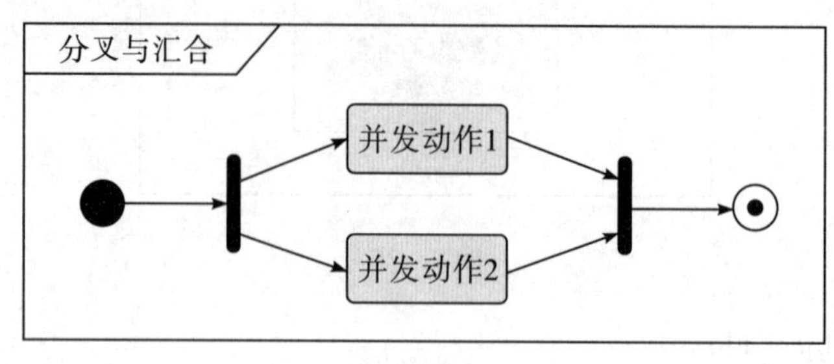

图 2－79

⑫异常处理（Exception Handler）。

当受保护的活动发生异常时，会触发异常处理节点。例如，有活动过程信息异常，则会运行异常过程活动，确保活动的正常运行，如图 2－80 所示。

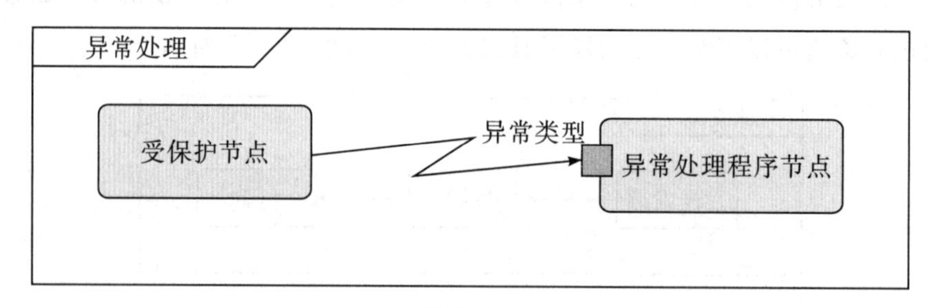

图 2－80

⑬活动中断区域（Interruptible Activity Region）。

活动中断区域围绕一些可被中断的动作状态图。如图 2－81 所示，正常情况下“处理订单”顺序流转到“结束订单”，订单处理流程完毕；但在“处理订单”过程中，会发送“取消订单”请求，这时会流转到“取消订单”，从而订单处理流程结束。

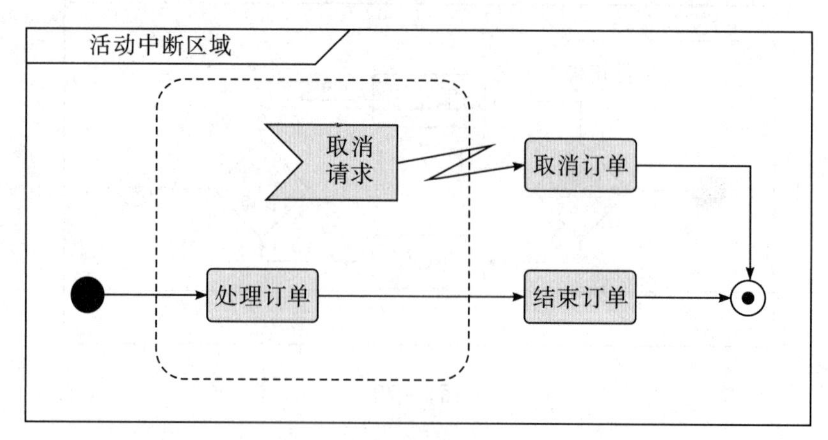

图 2－81

⑭泳道（Partition）。

泳道图有两种形式：垂直和水平。泳道将活动图中的活动按照不同部门、对象划分为若干组，并把每一组指定给负责这组活动的业务组织即对象，在活动图中，泳道区分了负责活动的对象，它明确地表示了哪些活动是由哪些对象进行的，每个对象之间的活动用联系线路和方向描述之间的关系及活动流向。在包含泳道的活动图中，每个活动只能明确地属于一条泳道。泳道用垂直实线或者平行直线绘出，垂直线分隔的区域就是泳道。在泳道的上方可以给出泳道的名字或对象的名字，该对象负责泳道内的全部活动。泳道没有顺序，不同泳道中的活动既可以按顺序进行，也可以并发进行，动作流和对象流允许穿越分隔线，通过流向描述对象和活动之间的关系，只有一个开始和一个结束的动作，如图 2－82、图 2－83 所示。

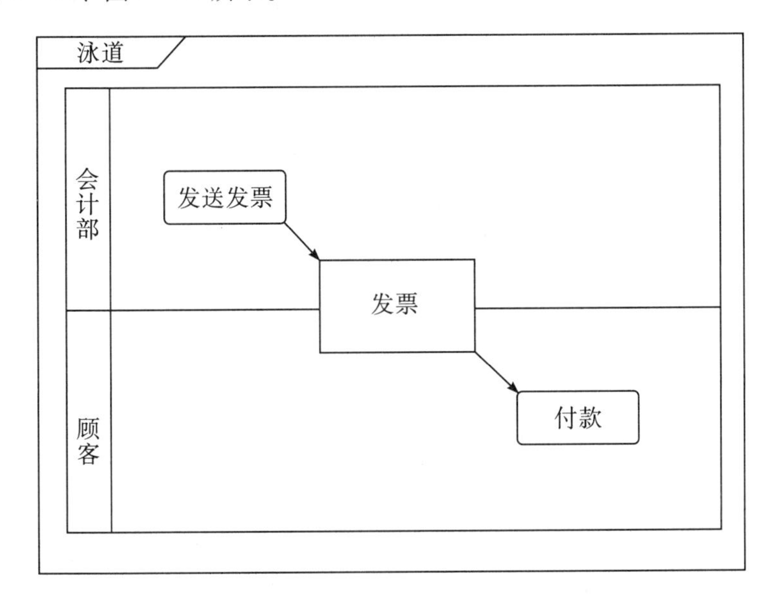

图 2－82　横向泳道图

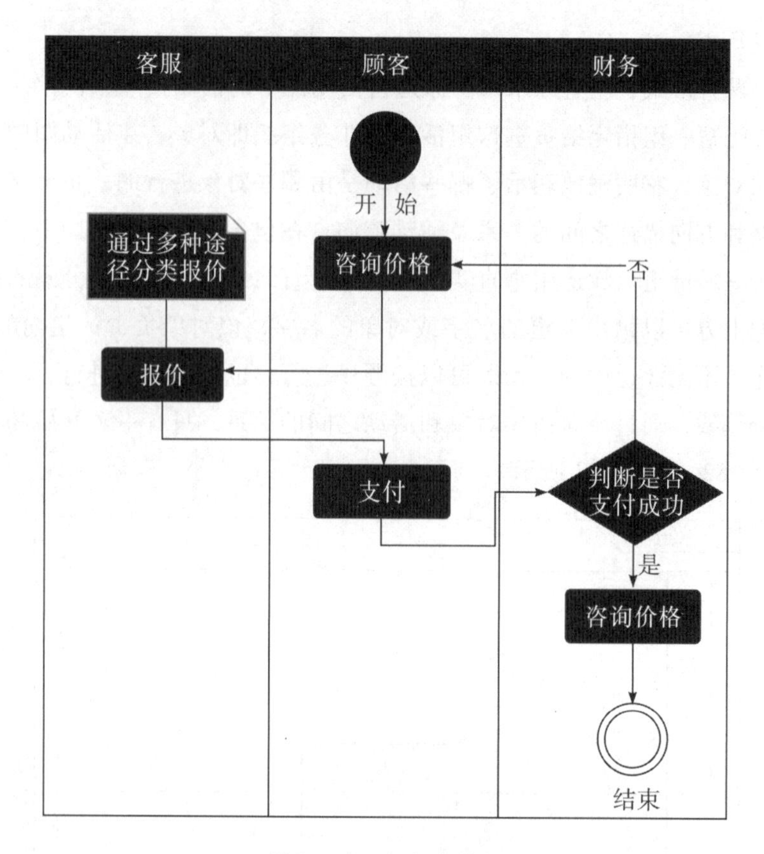

图 2-83 竖向泳道图

（2）Visio 的 UML 建模——序列图（时序图）。

序列图（sequence diagram）是显示对象之间交互的图，这些对象是按时间顺序排列的，通过连接线体现对象的活动时间顺序，序列图的活动过程是形成闭环的。序列图中显示的是参与交互的对象及其对象之间消息交互的顺序。序列图中包括的建模元素主要有角色（actor）、对象（object）、生命线（lifeline）、控制点（focus of control）、消息（message）等。

①角色。

系统角色，可以是人、其他的系统或者子系统。

②对象。

对象有三种命名方式：对象名、类名和匿名；可以同时显示一个名或者两个名。

③生命线。

生命线在序列图中表示为从对象图标向下延伸的一条虚线，表示对象存在的时间，如图 2-84 所示。

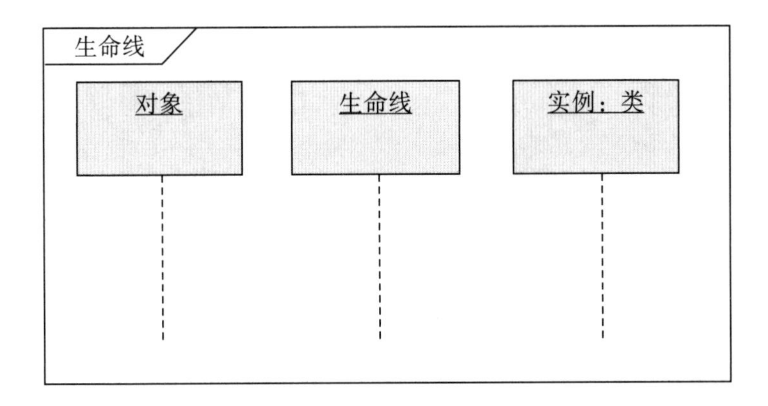

图 2-84

④控制点。

控制点是序列图中表示时间段的符号，在这个时间段内对象将执行相应的操作，这个时间段内的活动将是关注点，用小矩形表示，如图 2-85 所示。

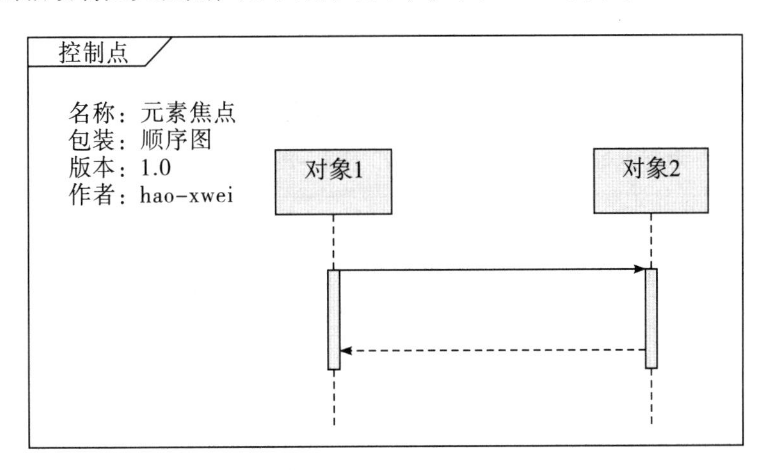

图 2-85

⑤消息。

消息一般分为同步消息（synchronous message）、异步消息（asynchronous message）和返回消息（return message），消息是形成闭环的活动体，如图 2-86 所示。

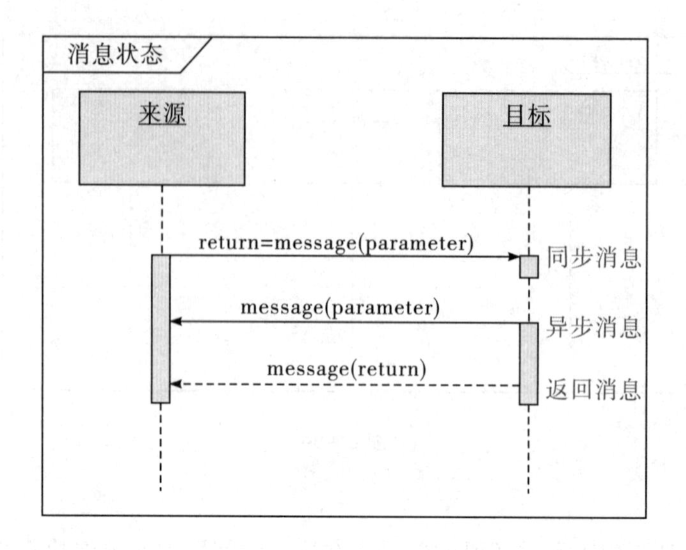

图 2－86

同步消息是请求数组大小的时候发送在数据源等待回复或者不等待回复的消息，它是单向的。异步消息是发送请求数组大小和回复数组大小的消息同时发生，返回消息可以是双向的。返回消息和请求数组大小的消息必须形成闭环的信号流。不管是同步消息还是异步消息，都会与返回消息形成闭环，如图 2－87 所示。

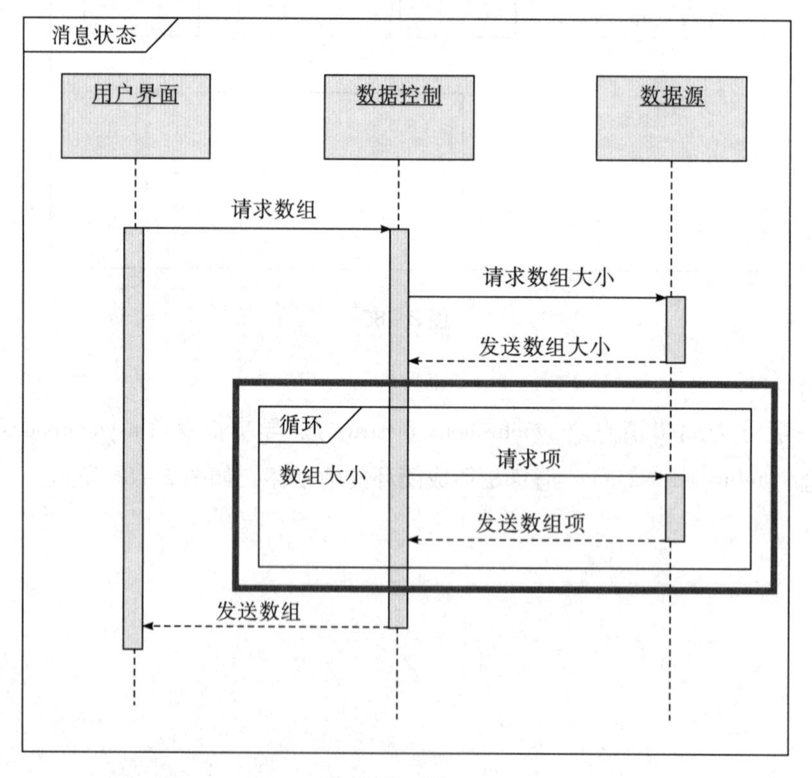

图 2－87

在英文版的建立模型工具中，关键词的对应关系如下：

表 2－23

英　文	对应中文关系
Alternative fragment（denoted “alt”）	与 if…then…else 对应
Option fragment（denoted “opt”）	与 switch 对应
Parallel fragment（denoted “par”）	表示同时发生
Loop fragment（denoted “loop”）	与 for 或者 foreach 对应

（3）Visio 的 UML 建模——类图。

类是所有活动对象的集合，由属性和方法组成，比如商品属性有名称、价格、单价、重量、高度、宽度、材料等；商品的方法有计算税率、计算商品成本以及计算商品利润、获得商品的评价等。它展示了对象的结构以及与系统的交互行为。类图则展示了系统的逻辑结构、类和接口的关系，如图 2－88 所示。

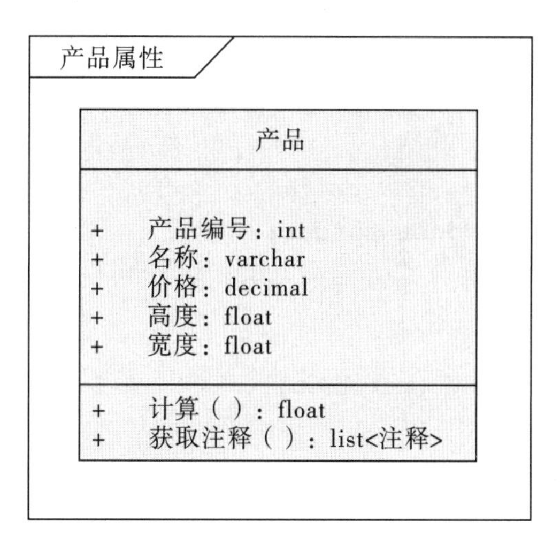

图 2－88

关联关系：

两个相对独立的对象，当一个对象的实例与另外一个对象的特定实例存在固定关系时，这两个对象之间就存在关联关系，包括以下几种：

①单向关联。

A1→A2：表示 A1 认识 A2，A1 知道 A2 的存在，A1 可以调用 A2 中的方法和属性。

举例：订单和商品，订单中包括商品，但是商品并不了解订单的存在。反过来订单必须依赖产品存在，如果没有产品就没有订单存在的必要，所以在这里类和类的属性、方法的关联关系是单向的。

类与类之间的单向关联关系图如图 2－89 所示。

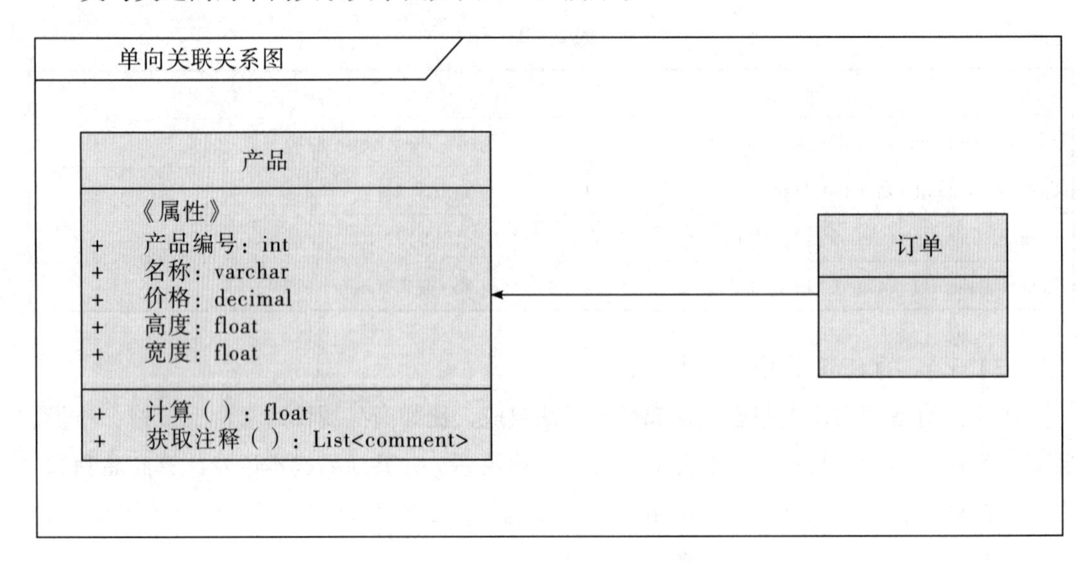

图 2－89

C#代码：

```
Public class Order
{
    Public List < Product > order;
Public void AddOrder (Product product)
{
            order. Add (product);
}
}
Public Class Product
{
}
```

代码表现为：Order（A1）中有 Product（A2）的变量或者引用。

②双向关联。

A1↔B1：表示 A1 认识 B1，A1 知道 B1 的存在，反过来也是如此，双方可以调用对方的方法和属性。

举例：订单和客户，订单属于客户，客户拥有一些特定的订单，有客户才会有订单，订单也可以映射客户的关系，是双向存在的。

类与类之间的双向关联关系图如图 2－90 所示。

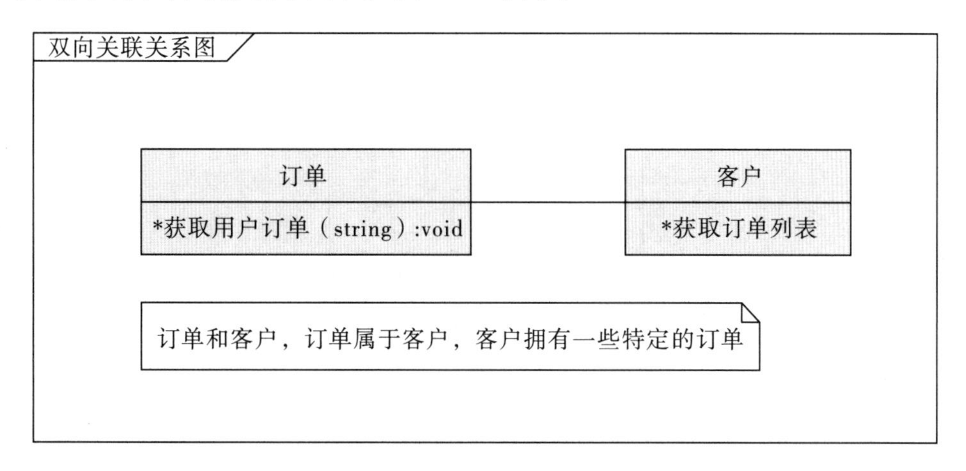

图 2－90

```
C#代码
Public class User
{
       Public List <Order >GetOrder ()
       {
}
return new List <Order > ();
}
Public Class Order
{
       Public User GetUserByOrderID (string OrderId)
       {
             Return new User ();
        }
}
```

③自身关联。

自身关联指同一个类对象之间的关联。类与类之间自身关联图如图 2－91 所示。假如 A 类的某个方法中，使用了 A 类的属性，那么就说与 A 类有依赖关系。

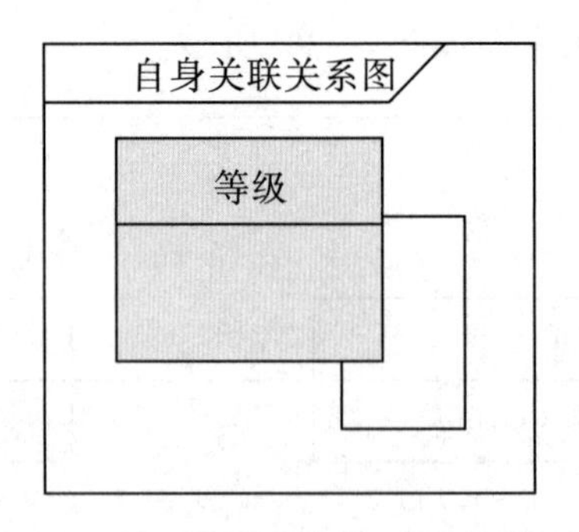

图2－91

④多维关联。

多维关联指多个对象之间存在关联关系。

举例：公司雇用员工，同时公司需要支付工资给员工。

类与类之间的多维关联图如图2－92所示，公司有雇员，公司要给雇员发薪水，所以薪水是依赖雇员的关系存在，雇员又是依赖公司存在，是多维的关联关系。

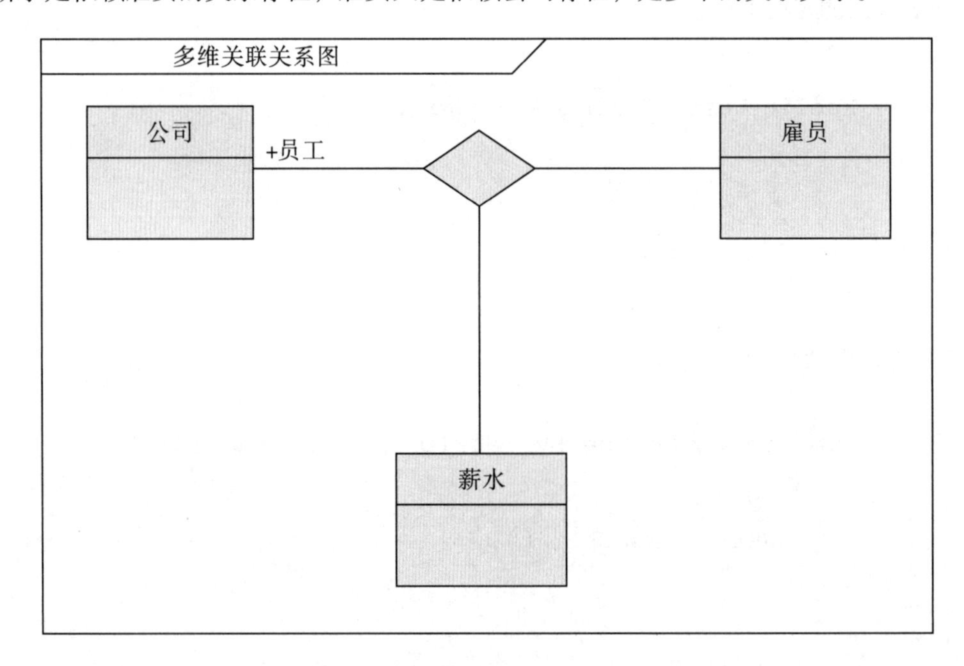

图2－92

⑤泛化。

泛化指类与类的继承关系、类与接口的实现关系。

举例：父与子、动物与人、植物与树、系统使用者与B2C会员和B2E会员的关系。

类与类之间的泛化图如图2－93所示。

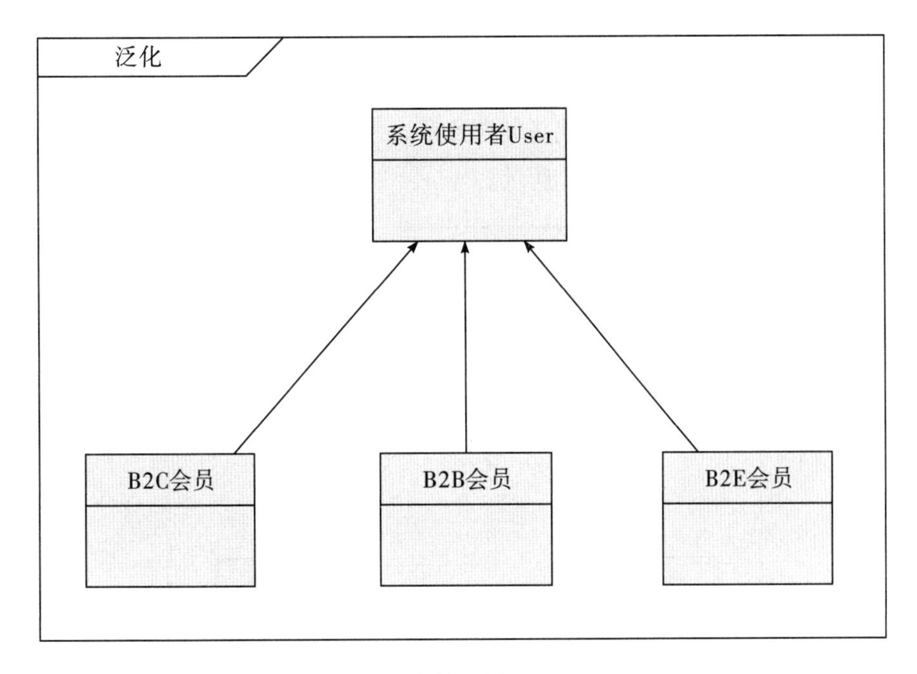

图 2 -93

⑥依赖。

类 A 要完成某个功能必须引用类 B，则 A 与 B 存在依赖关系，依赖关系是弱的关联关系。C#不建议双相依赖也就是相互引用。

举例：本来人与电脑没有关系的，但由于偶然的机会，人需要用电脑写程序，这时候人就依赖于电脑。

类与类的依赖关系图如图 2 -94 所示。

在程序中一般为 using 引用。

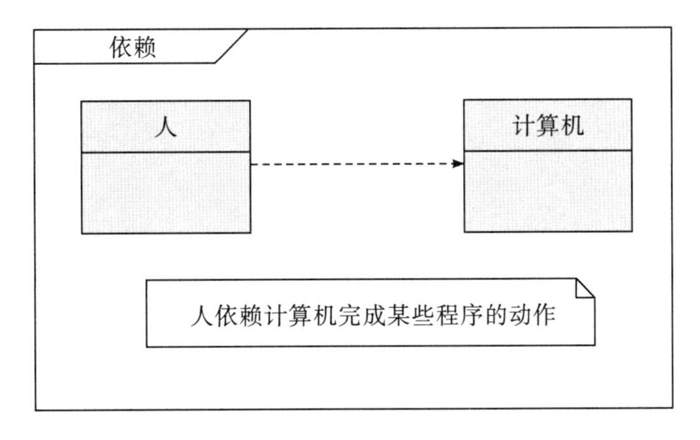

图 2 -94

⑦聚合。

聚合是关联关系的一种，是较强的关联关系，强调的是整体与部分之间的关系。

举例：商品和它的规格、样式就是聚合关系。

类与类的聚合关系图如图 2－95 所示。

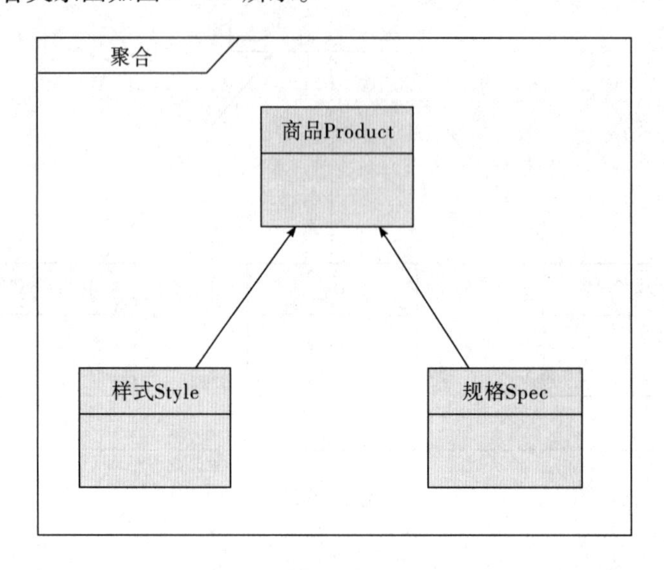

图 2－95

⑧组合。

对象 A 包含对象 B，对象 B 离开对象 A 就没有实际意义，这是一种更强的关联关系。

举例：Window 窗体由滑动条 Slider、头部 Header 和工作区 Panel 组合而成。公司和员工的关系，如果没有员工，公司也就不存在。

类与类的组合关系图如图 2－96 所示。

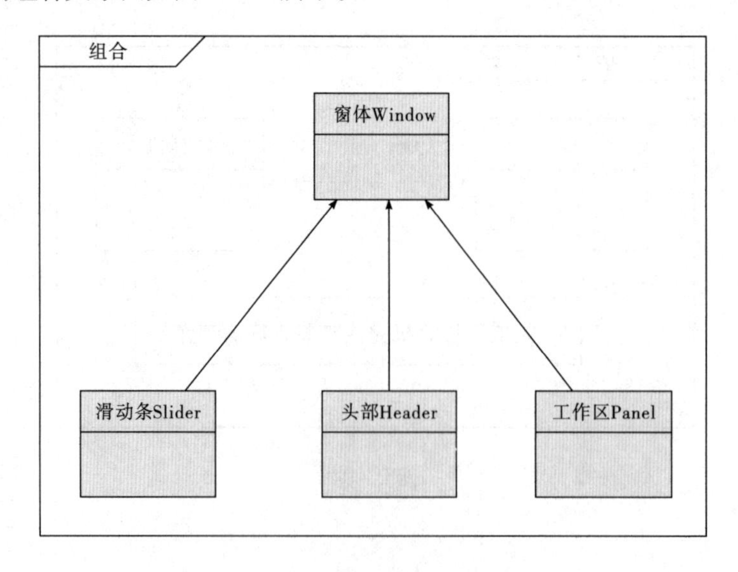

图 2－96

（4）Visio 的 UML 建模——状态图。

状态图（statechart diagram）主要用于描述一个对象在其生存期间的动态行为，表现为一个对象所经历的状态序列，引起状态转移的事件（event），以及因状态转移而伴随的动作（action）。一般可以用状态描述一个对象的生命周期建模，还可用于显示状态，通常用来显示一个事件的活动状态和动作关系，重点在于描述状态图的控制流。

如图 2－97 所示，状态图描述了门对象的生存期间的状态序列，引起状态转移的事件，以及因状态转移而伴随的动作。

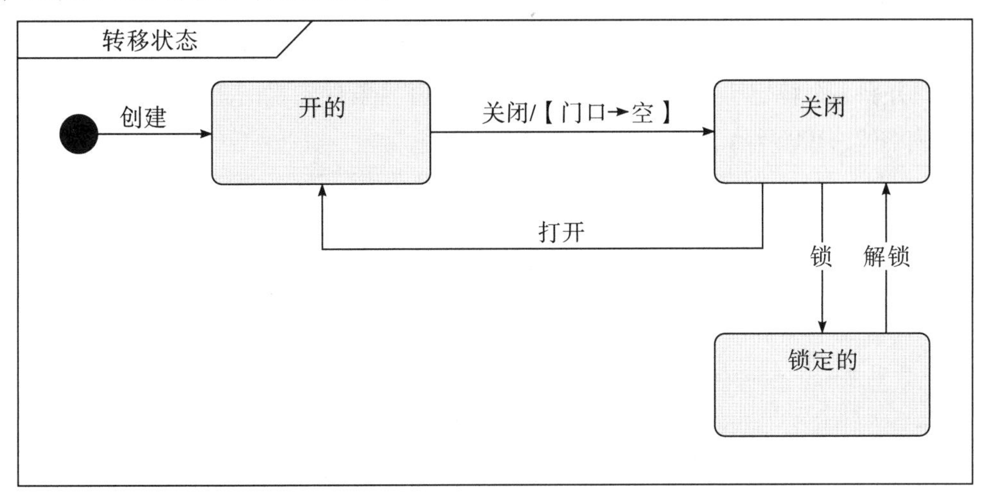

图 2－97

状态有 Opened、Closed、Locked 三种情况。事件有 Open、Close、Lock 和 Unlock 四种情况。但需注意的是，并不是所有的事件都会引起状态的转移，条件满足时，才会响应事件。状态图元素（state diagram elements）有以下几个：

①状态。

状态指在对象的生命周期中的某个条件或者状况，在此期间对象将满足某些条件、执行某些活动或等待某些事件。所有对象都有状态，状态是对象执行了一系列活动的结果，当某个事件发生后，对象的状态将发生变化。状态用圆角矩形表示，如图 2－98 所示。

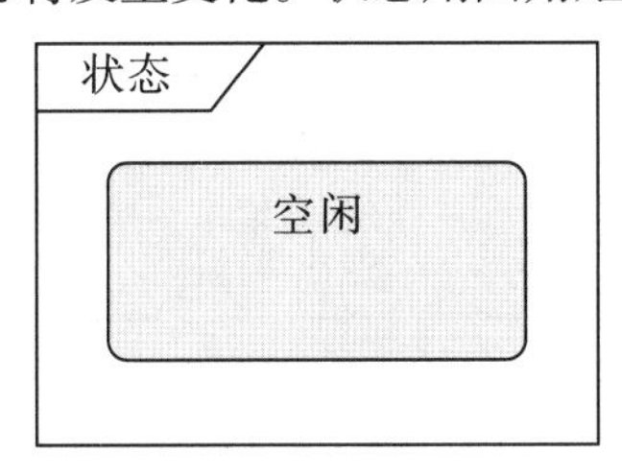

图 2－98

初态和终态（initial and final states），初态用实心圆点表示，终态用圆形内嵌圆点表示，如图 2－99 所示。

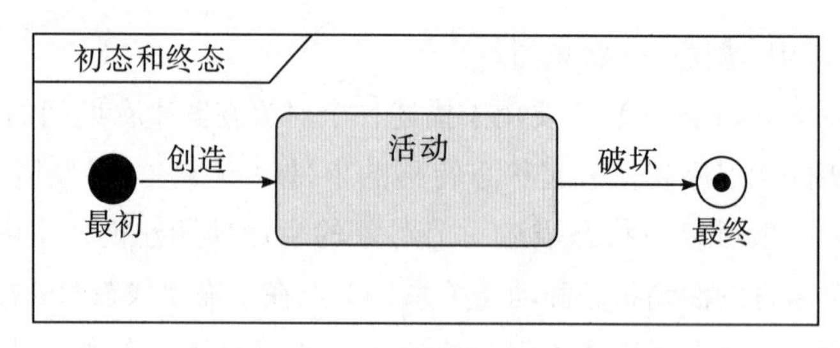

图 2-99

②转移。

转移是两个状态之间的一种关系，表示对象将在源状态（source state）中执行一定的动作，并在某个特定事件发生而且某个特定的警界条件满足时进入目标状态（target state），如图 2-100 所示。

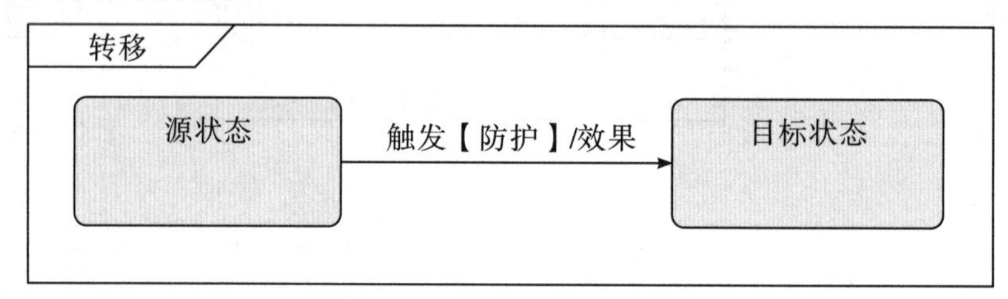

图 2-100

事件标记（trigger）：是指转移的诱因，可以是一个信号，事件、条件变化（a change in some condition）和时间表达式。

警界条件（guard condition）：当警界条件满足时，事件才会引发转移。

结果（effect）：对象状态转移后的结果。

③动作。

动作是不可中断的，其执行时间是可忽略不计的。

在上例中，对象状态转移后的结果显示在转移线上，如果目标状态有许多转移，而且每个转移有相同的结果，这时把转移后的结果展示在目标状态中更好一些，可以定义进入动作（entry action）和退出动作（exit action），如图 2-101 所示。

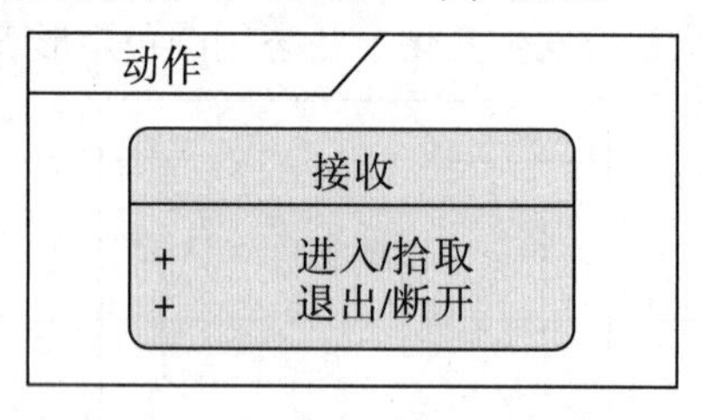

图 2-101

④自身转移。

状态可以有返回自身状态的转移，称为自身转移（self-transitions），2 秒后，Poll input事件执行，转移到自己状态“Waiting”，如图 2-102 所示。

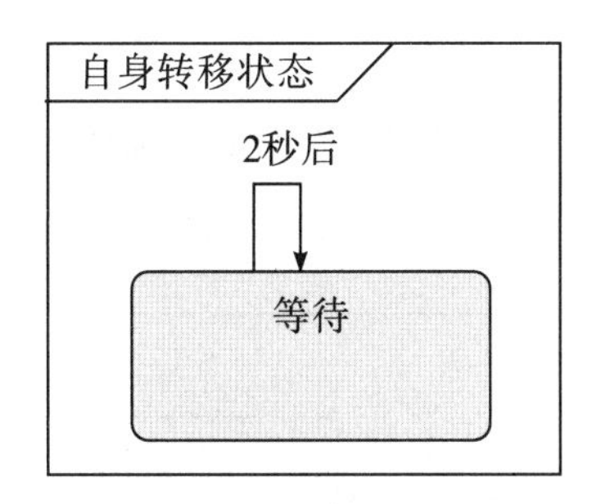

图 2－102

⑤组合状态。

嵌套在另外一个状态中的状态称为子状态（sub-state），一个含有子状态的状态称为组合状态（compound states），如图 2－103 所示，“Check PIN”是组合状态，“Enter PIN”是子状态。

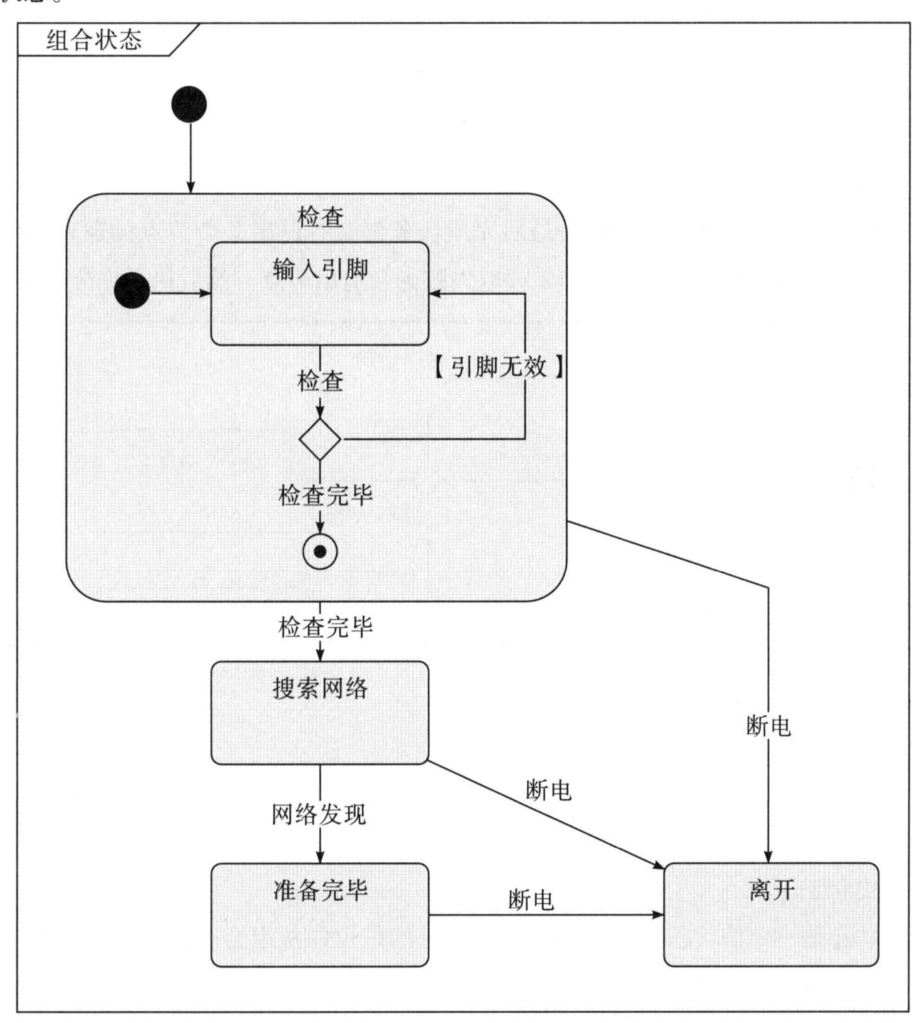

图 2－103

⑥进入节点。

如图 2－104 所示，由于一些原因并不会执行初始化（initialization），而是直接通过一个节点进入状态“Ready”，则此节点称为进入节点。

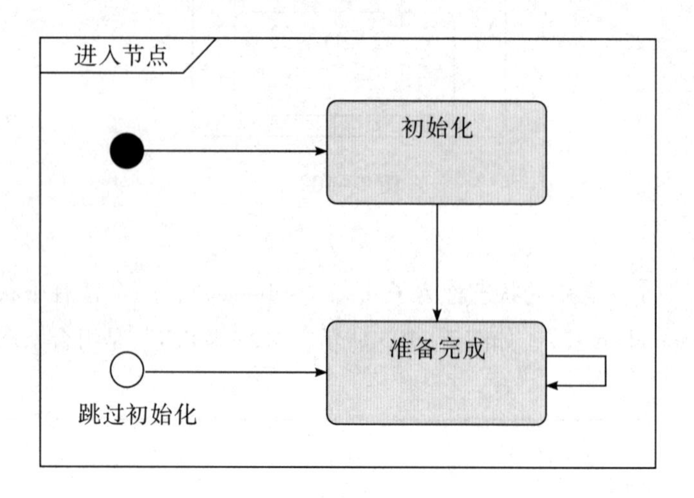

图 2－104

⑦退出节点。

由于数据处理有多种情况，但是最后完成任务都会有退出某个节点的逻辑动作。如阅读指令完成后去执行读取数据，如果读取失败则会退出节点，然后执行提醒指令。

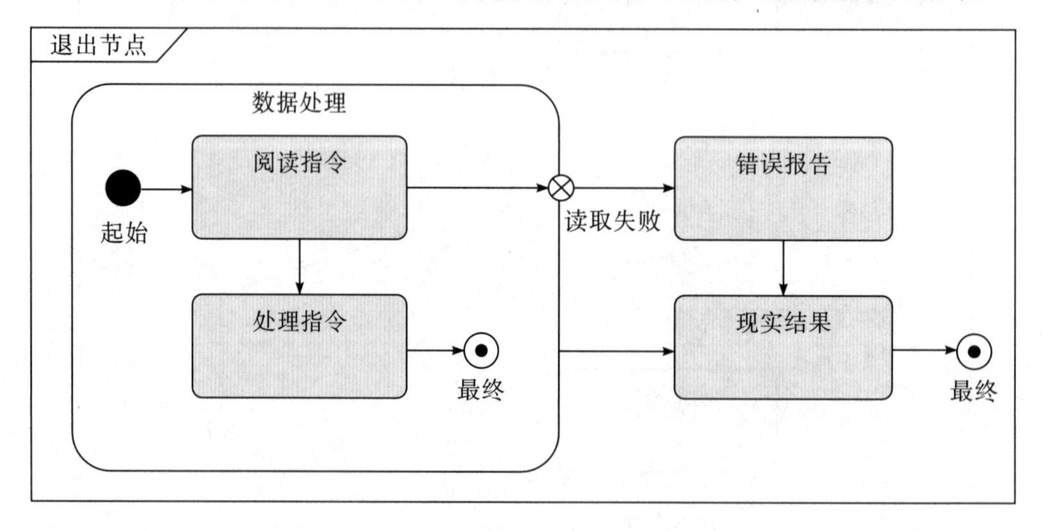

图 2－105

⑧历史状态。

历史状态是一个伪状态（pseudostate），其目的是记住从组合状态中退出时所处的子状态，当再次进入组合状态，可直接进入这个子状态，而不是再次从组合状态的初态开始。

在图 2－106 中，正常的状态顺序是“Washing”→“Rinsing”→“Spinning”。

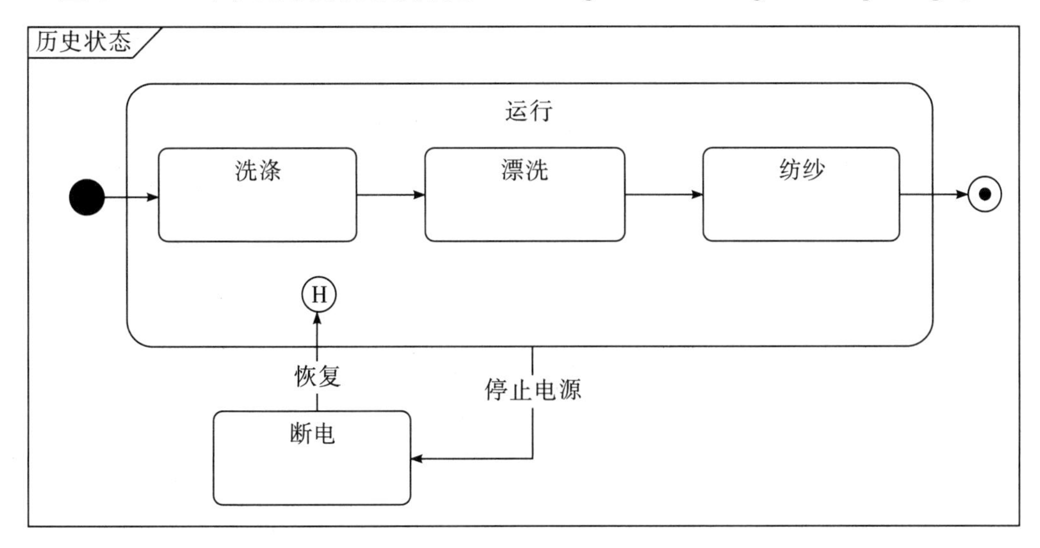

图 2－106

如果是从状态“Rinsing”突然停电（Power Cut）退出，洗衣机停止工作进入状态“Power Off”，当电力恢复时直接进入状态“Running”。

（5）Visio 的 UML 建模——用例图。

用例图概括了用例中角色和系统之间的关系，描述了系统功能需求、共同功能等，有扩展功能、包含功能的关系，角色和系统的交互以及系统的反应。开发人员通常用用例图描绘角色的主要功能界面，如图 2－107 所示。

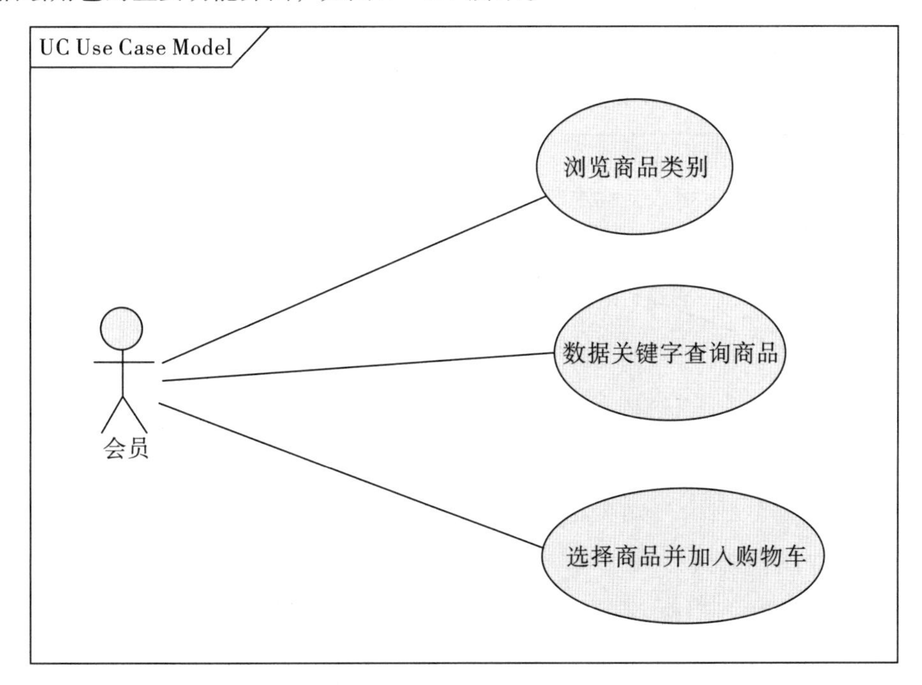

图 2－107

用例图元素包括以下几个：

①用例扩展关系。

扩展关系一般用来描述一个元素在活动中延伸为另外一种行为。用例中的扩展表示一个 UC 有可能扩展到另外一个 UC 的功能。此外，用例中的扩展通常暗示一个选择性流程，通常在两个角色中出现一个角色的功能延伸到另外一个角色的功能，或者一个角色的功能直接延伸出相匹配的功能，如图 2－108 所示。

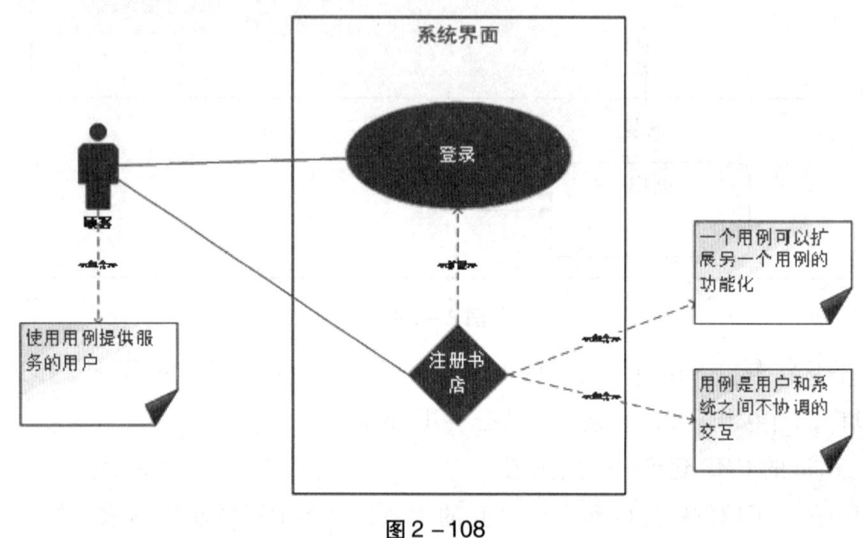

图 2－108

②用例包含关系。

包含关系表示源元素包含目标元素的行为，UC 中的包含关系就是一个 UC 中包含另外一个 UC 的行为功能。用包含关系可以防止在多个 UC 中同时定义共同的功能模块。一个角色的功能包含另外一个角色的功能，开发的界面通常也是共同的，如图 2－109 所示。

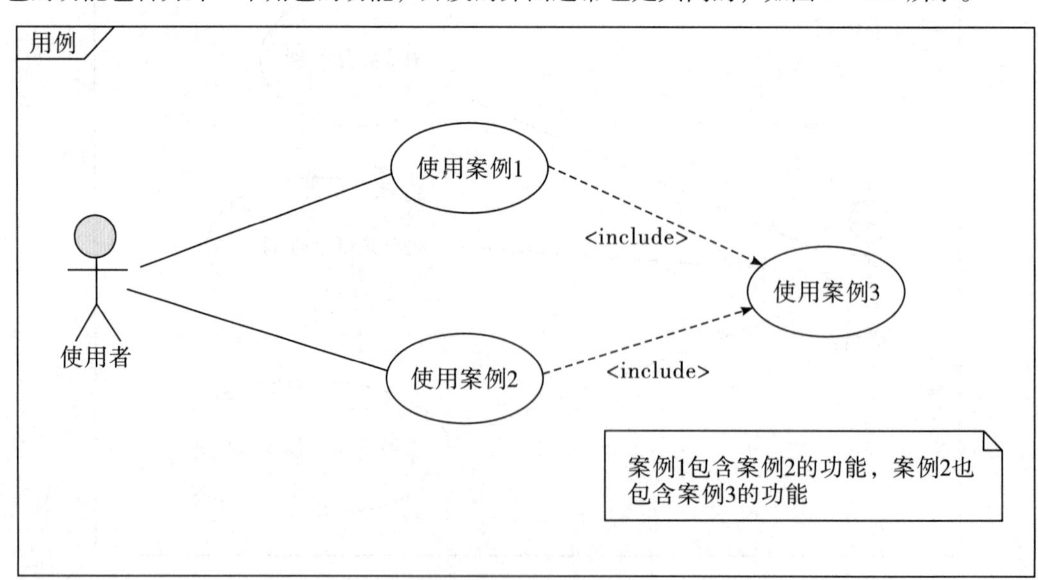

图 2－109

③角色。

系统中的用户根据系统分为多个角色，每个角色都会与系统有交互。一个用户可以具有一个或者多个角色，角色之间的功能可能会有包含在内。

系统中用到的角色如果细分，可以分为主要角色和辅助角色。比如在电子商务网站中主要角色有供应商、前台会员、系统管理员等；辅助角色有客户管理系统、物流系统、资金系统等。

（6）Visio 的 UML 建模——协作图。

协作图是一种交互图，强调的是发送和接收消息的对象之间的组织结构，使用协作图来说明系统的动态情况。协作图可以表示类操作的实现。

协作图元素包括参与者、对象、消息流和链接。用线条来表示链接，链接表示两个对象共享一个消息，位于对象之间或参与者与对象之间。协作图和序列图都表示出了对象间的交互作用，但是它们侧重点不同。序列图清楚地表示了交互作用中的时间顺序（强调时间），但没有明确表示对象间的关系；协作图清楚地表示了对象间的关系（强调空间），但时间顺序必须从顺序号获得。协作图和序列图可以相互转化，如图 2－110 所示。

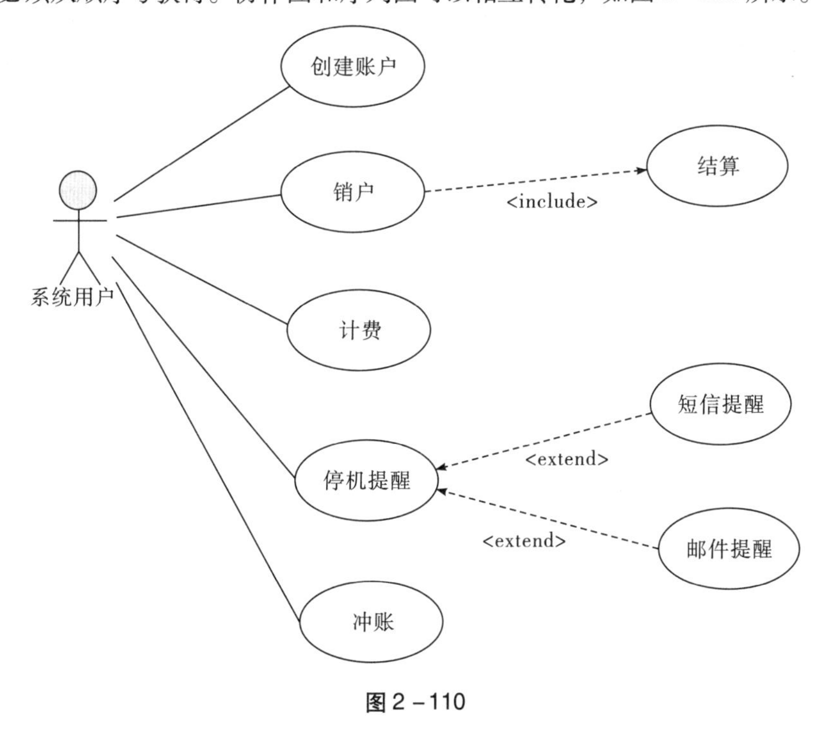

图 2－110

（7）Visio 的 UML 建模——数据建模。

数据建模不仅可以对对象的属性建模（如 E－R 图），还可以对数据的行为建模［如触发器（trigger）、存储过程（stored procedure）］。在进行数据库设计时，涉及如下几个概念：模式（schema）、主键（primary）、外键（foreign key）、视图（view）。

数据建模元素包括以下几个：

①数据表。

下表是关系数据库最基本的模型结构，如图 2－111 所示。

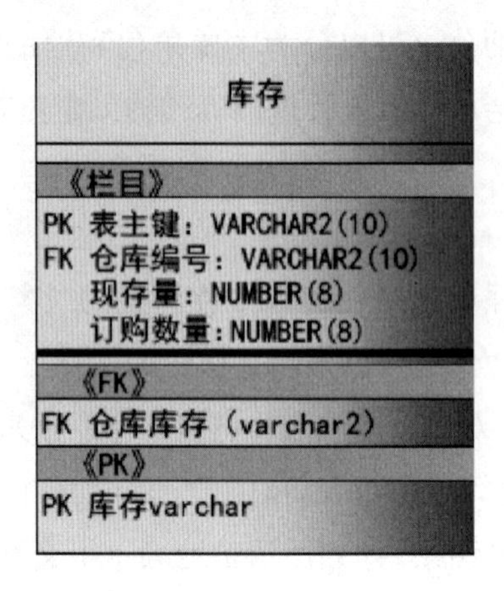

图 2－111

表的主键：InventoryID；主要关联的对象。

表的外键：WarehouseID，关联到表 Warehouse 的主键；可以设置 Table 的数据库类型。

②表索引。

表索引指按表文件中某个关键字段或表达式建立记录的逻辑顺序。它是由一系列记录号组成的一个列表，提供对数据的快速访问。索引不改变表中记录的物理顺序，如图 2－112 所示。

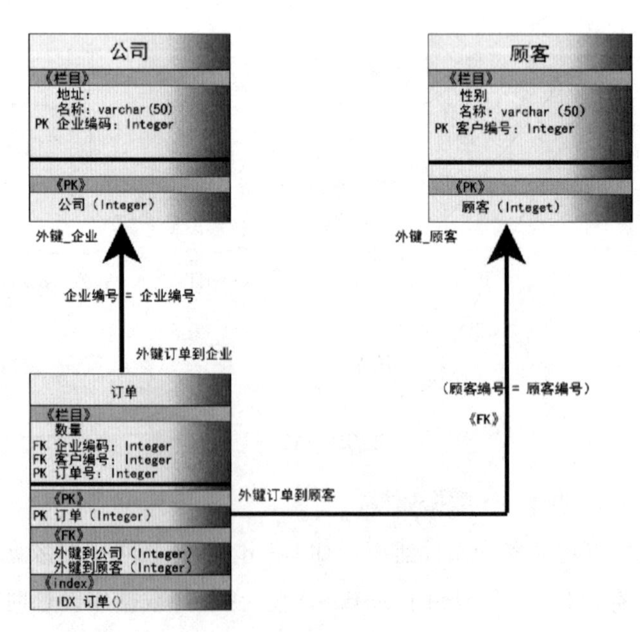

图 2－112

③视图。

视图是从一个或多个表或视图中导出的表，其结构和数据是建立在对表的查询基础上的，如图 2－113 所示。

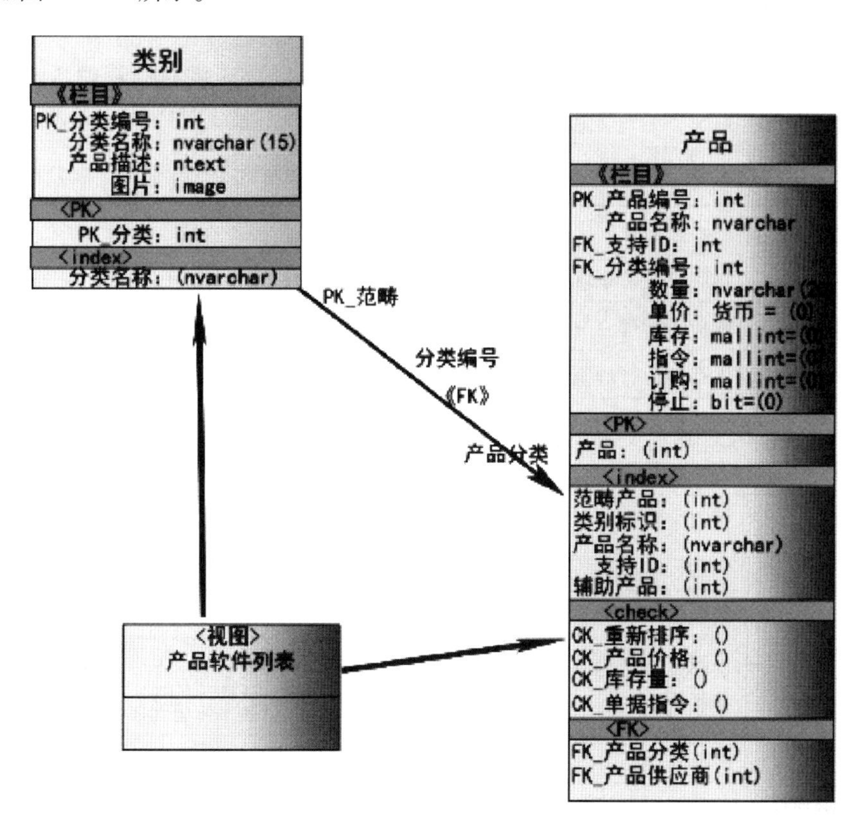

图 2－113

④存储过程。

将常用的或很复杂的工作，预先用 SQL 语句写好并用一个指定的名称存储起来，那么以后要让数据库提供与已定义好的存储过程的功能相同的服务时，只需调用 execute 即可自动完成命令，如图 2－114 所示。

《存储过程》
使用：execute‘存储过程名称’

图 2－114

6. 任务内容

6.1 创建物流供应链管理系统的功能结构图

根据物流供应链管理系统功能表（见表2-24），完成物流供应链管理系统的功能结构图。

表2-24 物流供应链管理系统功能表

序号	父级模块	子级模块	备注
1	无	物流供应链系统	系统的顶端模块，在功能结构图的最顶端
2	SCM 供应链系统	供应商管理	二级菜单，供应链的供应商平台
		生产制造管理	二级菜单，供应链中游生产制造模块
		第三方物流中心	二级菜单，供应链的物流配送中心
		客户销售模块	二级菜单，供应链的上游模块
3	供应商管理	接收采购订单	作为生产商的供应商，提供原材料的报价以及备货
		采购订单备货	根据采购清单进行生产备货
		采购订单发货	订单发货
		采购订单报表	采购订单的状态和进度
4	生产制造管理	基础资料	三级菜单，生产制造的所有基础数据
		订单管理	生产订单的制定、审核、处理
		原材料采购模块	原材料的采购
		生产计划	完成主生产计划、MRP 物料需求计划以及排产排程
		生产管理	生产派工、产品途程单以及追踪管理
		库存管理	原材料、成品仓库库存明细，可视化库存管理
		WIP 在线生产采集	JIT 生产采集系统
		工位看板	生产看板
		仓库管理	成品出入库、半成品出入库、原材料出入库
		委托管理	成品入库委托、销售出库委托

（续上表）

序号	父级模块	子级模块	备注
5	第三方物流中心	基础数据	第三方物流中心负责生产商的存储业务与配送业务。其核心功能包括两大块：物流中心与仓储业务模块
		委托管理	入库委托与配送委托、订单发货
		物流仓库管理	包括成品委托入库、销售配送出库、成品库存管理
		移动仓储管理	包括 RF 手持出入库、RF 拣货、RF 盘点
		物流库存管理	包括库存储、库存盘点
		车辆管理	记录车辆的各种信息与车辆维修记录
		车辆调度	与配送订单结合，完成物流配送
		物料财务系统	完成财务统计，应收应付账款统计和财务结算
6	客户销售模块	订单录入	作为供应链的起源以及制造商的上游客户，供应链的下单流程是起点，也是终点
		订单审核	审核订单
		订单处理	订单处理，可以报废也可以发送给生产制造商
		订单收货	完成订单收货
		订单统计	统计各种报表

要求：

①根据功能表，完成物流供应链的整体功能结构图；

②物流供应链功能结构图需要有三层结构；

③上下级功能附属关系正确。

根据表 2－25，完成生产制造功能结构图。

表 2－25　生产制造子系统菜单功能表

序号	父级模块	子级模块	备注
1	无	生产制造管理	系统的顶端模块，在功能结构图的最顶端
2	生产制造管理	基础资料	二级菜单
		订单管理	
		原材料采购模块	
		生产计划	
		生产管理	
		库存管理	
		WIP 在线生产采集	
		工位看板	
		仓库管理	
		委托管理	

(续上表)

序号	父级模块	子级模块	备注
3	基础资料	零件类型	三级菜单
		零件资料	
		工艺流程	
		生产线信息	
		供应商资料	
		客户资料	
		BOM 设计	
		仓库数据维护	
4	订单管理	生产订单录入	三级菜单
		生产订单审核	
		生产订单处理	
5	原材料采购模块	采购需求管理	三级菜单
		原材料采购审核	
		原材料采购处理	
		原材料采购报价	
		原材料收货通知	
6	生产计划	生产订单确认	三级菜单
		MPS 主生产计划	
		MPR 物料需求计划	
7	生产管理	生产工单	三级菜单
		产品途程单	
		完工报表	
8	库存管理	成品库存查询	三级菜单
		原材料库存查询	
		NC 库存查询	
		退货库存查询	

（续上表）

序号	父级模块	子级模块	备注
9	工位数据采集	过程管控	三级菜单
		WIP 在线品质管控	
		QC 检测	
		在途管理	
		追踪追溯	
		完工汇报	
10	委托管理	委托入库管理	三级菜单
		配送委托	

要求：

①根据功能表，完成生产制造管理模块的整体功能结构图；

②生产制造管理模块含三层架构；

③上下级功能从属关系正确。

根据表 2－26 完成物流中心功能结构图。

表 2－26　物流中心子系统菜单功能表

序号	父级模块	子级模块	备注
1	无	第三方物流中心	系统的顶端模块，在功能结构图的最顶端
2	第三方物流中心	基础资料	二级菜单
		委托管理	
		物流仓库管理	
		移动仓储管理	
		物流库存管理	
		车辆管理	
		车辆调度	
		财务系统	
3	基础资料	商品类型	三级菜单
		商品资料	
		托盘信息	
		仓库信息	
		供应商资料	
		客户资料	

（续上表）

<table>
<tr><th>序号</th><th>父级模块</th><th>子级模块</th><th>备注</th></tr>
<tr><td rowspan="3">4</td><td rowspan="3">委托管理</td><td>VMI 入库委托</td><td rowspan="3">三级菜单</td></tr>
<tr><td>销售配送委托</td></tr>
<tr><td>订单记录报表</td></tr>
<tr><td rowspan="5">5</td><td rowspan="5">物流仓库管理</td><td>入库计划</td><td rowspan="5">三级菜单</td></tr>
<tr><td>入库指令</td></tr>
<tr><td>出库计划</td></tr>
<tr><td>出库指令</td></tr>
<tr><td>出入库记录</td></tr>
<tr><td rowspan="6">6</td><td rowspan="6">移动仓储管理</td><td>RF 码垛收货</td><td rowspan="6">三级菜单</td></tr>
<tr><td>RF 入库上架</td></tr>
<tr><td>RF 拣货出库</td></tr>
<tr><td>RF 移库作业</td></tr>
<tr><td>RF 库存盘点作业</td></tr>
<tr><td>RF 库存查询</td></tr>
<tr><td rowspan="3">7</td><td rowspan="3">物流库存管理</td><td>库存汇总</td><td rowspan="3">三级菜单</td></tr>
<tr><td>库存明细</td></tr>
<tr><td>库存盘点</td></tr>
<tr><td rowspan="4">8</td><td rowspan="4">车辆管理</td><td>车辆类型</td><td rowspan="4">三级菜单</td></tr>
<tr><td>车辆信息</td></tr>
<tr><td>车辆路线</td></tr>
<tr><td>车辆维护</td></tr>
<tr><td rowspan="6">9</td><td rowspan="6">车辆调度</td><td>用车申请</td><td rowspan="6">三级菜单</td></tr>
<tr><td>车辆调配</td></tr>
<tr><td>车辆配载</td></tr>
<tr><td>出车登记</td></tr>
<tr><td>回车登记</td></tr>
<tr><td>车辆调度信息查询</td></tr>
<tr><td rowspan="4">10</td><td rowspan="4">财务系统</td><td>应收应付</td><td rowspan="4">三级菜单</td></tr>
<tr><td>费用登记</td></tr>
<tr><td>工资结算</td></tr>
<tr><td>费用明细</td></tr>
</table>

要求：

①根据功能表，完成第三方物流中心的整体功能结构图；

②第三方物流中心模块含三层架构；

③上下级功能从属关系正确。

6.2　创建物流供应链管理系统的登录功能逻辑设计图

系统登录界面是任何应用系统的初始窗口，是进入物流供应链的首窗体，物流供应链管理系统的平台上含供应商、制造商、物流公司、客户四大门户，要求不同的账户进入不同的门户。要求根据表 2－27 的说明完成物流供应链管理系统登录设计的业务流程图（信息流和数据流）。

表 2－27　物流供应链管理系统登录功能逻辑业务描述

序号	流程代号	描述	手工/系统	备注
01	开始	启动物流供应链窗体，进入登录窗体		
02	用户名录入	用户录入用户名并按回车键	手工	
03	用户名校验	根据用户名输入框的数据核对数据库用户表信息。如果用户名为空则提示录入信息；如果用户名不存在，则返回用户名输入框，提示重新录入；如果用户名存在，焦点直接调到密码输入框，进入流程 04	系统	系统逻辑运算
04	密码输入	用户输入密码，并按回车键	手工	
05	密码校验	根据用户名与密码进行数据库校验。如果密码错误，返回到密码输入框；如果密码正确，则进入 06 登录流程	系统	
06	登录	进入登录逻辑处理，根据用户的角色登录不同的主窗体。供应商用户登录到供应商的主窗体；生产商用户进入生产商的主窗体；物流中心用户进入物流中心主窗体；客户角色进入客户中心主窗体	系统	
07	结束	结束登录流程		

要求：

①包含起始点、结束点、判断框、输入输出框、注释框、执行框、流程线；

②流程清晰，关系正确；

③须有顺序、循环、选中结构;

④信息流与数据流正确。

6.3 创建物流供应链管理系统客户销售子系统设计

物流供应链客户订单销售系统是以客户下单为起点，完成订单审核、处理、生产制造、产品入库、销售出库、业务配送、订单接收等一系列业务活动。要求根据表 2－28 的活动内容，完成物流供应链管理系统客户销售子系统的活动图、序列图、用例图。

表 2－28　物流供应链管理系统客户销售系统业务描述

序号	流程代号	描述	部门	备注
01	销售合同拟定	生产商与客户协商，达成产品、价格、数量、交货日期等协议，拟定销售合同	销售部	生产制造商
02	销售合同审核	销售人员提交合同后，由部门经理审核后提交法务部，法务部需要进行审核，如没问题直接发送客户，如有问题可进行销售合同的修改	法务部	生产制造商
03	接收销售合同	客户接收到生产制造商的销售合同，完成销售合同的核对，如果不同意此合同可返回法务部进行修改，同意后合同开始生效，并将销售合同转化成销售订单	客户	客户门户
04	制定销售订单	根据合同内容，填写实际需求的销售订单，完成订单制作并发送给生产制造商	客户	客户门户
05	销售订单审核	审核销售订单，是否超出合同部门，如果审核通过则发送给生产部进入 06 步骤，如审核不通过则发回客户进行修改	销售部	生产制造商
06	生产计划单	计划部接收到销售订单，导入或者填写生产计划单	计划部	生产制造商
07	MPS 主生产计划	根据生产计划进行 MPS 计算，形成生产工单	计划部	生产制造商
08	生产排程	将生产工单进行排产	生产部	生产制造商
09	车间生产	完成工单的生产	生产部	生产制造商
10	成品入库	成品下线后需要存储，将订单产品发送给仓库进行存储	仓库	生产制造商

（续上表）

序号	流程代号	描述	部门	备注
11	销售出库单	销售人员制定销售出库单发送给仓库，也就是出库指令	销售部	生产制造商
12	拣货出库	根据出库指令，拣货人员完成拣货，将货物送发运区，并生成装车单发送给运输部	仓库	生产制造商
13	发运装车	根据装车单完成装车，形成配送单发送给运输部	仓库	生产制造商
14	运输配送	根据配送订单完成订单配送	运输部	生产制造商
15	收货	客户接收货物，更新销售订单	客户	客户门户

要求：

①根据客户销售系统业务活动表完成活动图、序列图、用例图（用例图选销售部为角色进行绘制）；

②活动图业务流程清晰，须有顺序、循环、选中结构；信息流与业务流正确；

③活动图须包含起始点、结束点、判断框、输入输出框、注释框、执行框、流程线；

④序列图须包含对象、生命线、激活、消息、分支与从属流等元素；

⑤用例图须包含参与者、用例、系统边界、箭头；

⑥设计图需要体现物流供应链的门户、部门；

⑦设计图清晰描述各部门之间的关系。

6.4 物流供应链管理系统原材料采购的设计

物流供应链管理系统是集采购申请、采购订货、进料检验、仓库收料、采购退货、购货发票处理、供应商管理、价格及供货信息管理、订单管理，以及质量检验管理等功能综合运用的管理系统，对采购物流和资金流的全部过程进行有效的双向控制和跟踪，实现完善的企业物资供应信息管理。物流供应链管理系统是制造业和装配业于上线生产前，收集供应厂商的基本资料和建立前置作业，规划各项料品及厂商交货进度，透过采购资料维护的功能，使系统可不受物料需求管理系统的控制，并能提供应付账款、物料库存等系统的资料来源，不但具备了独立作业系统的功能，还能配合整合性管理系统的运作效益。根据表 2 – 29 的活动内容，完成原材料采购活动图、对象图、状态图、类图。

表2-29 物流供应链管理系统原材料采购活动说明

序号	流程代号	描述	部门	备注
01	MRP 物料需求计划	计划部根据生产订单完成物料需求计划，生成采购需求，采购需求发送给采购部	计划部	生产制造商
02	填写采购订单	采购员接收到采购指令（采购需求），由采购员录入物流供应链系统，系统生成采购订单	采购部	生产制造商
03	采购订单审核	采购员检查采购清单后，发送给采购经理，采购经理负责核对并向仓库库存确认是否实际需要采购。将审核通过的采购订单返回采购员，对无须采购的原材料进行标注	采购部	生产制造商
04	采购订单确认	采购员收到经理发送的订单确认后，根据经理的审核结果进行调整，完成最终的采购订单确认	采购部	生产制造商
05	采购询价	采购员根据采购订单，通过电子档或电话与供应商进行沟通，生成各种询价单发送给不同的供应商	采购部	生产制造商
06	报价	供应商接收到采购询价单后，根据内容进行单价、总价以及优惠价的报价，并将报价单发送给最终采购员	供应商	供应商门户
07	报价单整理	整理供应商发送回来的报价单，按价格排序发送给采购经理	采购部	生产制造商
08	供应商确认	采购经理根据价格、质量、服务等因素筛选出最优供应商，并通知采购部门与其签订采购合同	采购部	生产制造商
09	采购合同	制作采购合同，并发送给供应商	采购部	生产制造商
10	采购合同确认	供应商接收到采购合同后完成合同确认，如果不接受则与采购员沟通并返回合同给采购员	供应商	供应商门户
11	采购单发送	填写完采购单后，采购员将其发送给供应商，通知其进行备货	采购部	生产制造商
12	备货	供应商接收到正式的采购订单后，根据时间、数量进行生产备货	供应商	供应商门户

（续上表）

序号	流程代号	描述	部门	备注
13	采购发货	供应商完成备货后，在发运前生成发货单，并将发货单发送给生产制造商的采购部，通知其预计到货时间	供应商	供应商门户
14	原材料收货通知	采购部接收到供应商发送的发货单，生成原材料收货通知单，并将其发送给仓库，通知其安排收货	采购部	生产制造商
15	原材料收货	收货人员根据收货通知单完成货物清点，形成收货单，并进入 IQC 原材料质量检查流程；完成收货后将原材料入库；供应商执行流程 17，原材料采购收款	仓库	生产制造商
16	原材料入库	收货人员完成收货后，按指定的入库原则完成原材料入库	仓库	生产制造商
17	收款单	供应商完成供货流程后，将生产制造商签字的收货凭证和采购凭证发送给生产制造商的财务部，要求付款	供应商	供应商门户
18	付款	财务部核对销售合同、采购订单、收货订单、质量检测单等一系列单据无误后打款，完成采购流程	财务部	生产制造商

要求：

①根据物流供应链原材料采购活动表完成活动图、对象图、状态图和类图；

②活动图业务流程清晰，须有顺序、循环、选中结构；信息流与业务流正确；

③活动图须包含起始点、结束点、判断框、输入输出框、注释框、执行框、流程线；

④对象图包含采购部、供应商、仓库、财务部等对象，以及其对应的关系和活动，并包含每个对象名称及其属性；

⑤原材料采购类图需要有类、接口、依赖关系；

⑥设计图须正确体现原材料采购的活动、联系，以及各种触发的条件；

⑦设计图清晰描述各部门之间的关系。

6.5 创建物流供应链管理系统的原材料质量检测（IQC）业务流程图

原材料质量检测（IQC，也称来料品质检验），指对采购进来的原材料、部件或产品做品质确认和查核，即在供应商送原材料或部件时通过抽样的方式对品质进行检验，并做出该批产品是接收还是退换的判断。

IQC是企业产品在生产前的第一个控制品质的关卡，如把不合格品放到制程中，会导致制程或最终产品的不合格，造成巨大的损失，不仅影响到公司最终产品的品质，还影响到各种直接或间接成本。

在制造业中，对产品品质有直接影响的通常为设计、来料、制程、储运这四大主项，一般来说设计占25%，来料占50%，制程占20%，储运占1%到5%。综上所述，来料检验在公司产品质量上占压倒性的地位，所以要把来料品质控制上升到一个战略性地位来对待。根据表2-30的说明完成IQC业务流程图。

表2-30　物流供应链管理系统原材料检验流程说明

序号	流程代号	描述	部门
01	验收单	首先由仓库开出验收单	仓库
02	质检单	IQC人员在接到验收单时，依据验收单找出相应的检验规范及图纸	质量部
03	质量检测	依据检验规范上的检验项目及图纸上的规格进行检验	质量部
04	合格处理	检验合格时，于“原物料标识卡”上加盖“合格章”表示该批允收，并依据“收料凭单”开立“验收凭单”打印，IQC与仓库会签后双方各保留一联以便追溯，仓库人员执行入库	质量部
05	不合格处理	检验不合格时，除在该批外包装上贴“不合格”标签，还要将不合格事项及原因记录于“进料检验日报表”中，同时开立“供货商质量改善报告”，由相关部门会签后做最终判定，若不合格则开立“验退单”。不合格处理有以下几种：特殊采购；重工、筛选；拒收	质量部
06	特殊采购	若急需使用该批原材料或应供货商的请求而做特采处理时，依据“不合格品管制作业程序”之规定，由生产管理单位统一开出“特采申请单”会签相关部门决定处理方式，必要时开物料监审会议最后定夺。决定特采时，IQC人员撕掉“不合格”标签，贴上“特采”标签以示特采	质量部
07	重工筛选	分为代供货商重工或筛选、供货商来厂重工或筛选、退回供货商重工或筛选。若代为重工或筛选，由生产管理单位统一安排重工时间及重工人员；若供货商来厂重工、筛选或退回供货商重工、筛选，由采购统一知会供货商	质量部

（续上表）

序号	流程代号	描述	部门
08	拒收	IQC 知会采购由采购通知供货商将货拉回	质量部
09	供应商回馈	进料检验人员应将每批进料的记录记载于“进料检验日报表”上，作为供货商评比的依据	质量部
10	供应商改善通知	若不合格经最终判定为质量异常时，IQC 人员须开出“供货商质量改善报告”，给单位主管核实并会签采购人员后由采购通知供货商，要求供应商在三个工作日内做出改善对策的回复	质量部
11	改善报告	IQC 人员接到供货商改善报告后，对其改善与预防措施进行效果验证，如对策无效则需供货商重新分析原因并提供改善对策，然后再进行验证，直至对策生效不再发生此不良现象	质量部

要求：

①包含起始点、结束点、判断框、输入输出框、注释框、执行框、流程线。

②流程清晰，关系正确。

③需要有顺序、循环、选中结构。

④每个流程和步骤都需要文字说明。

6.6 物流供应链管理系统成品入库业务设计

成品入库流程包括：入库单数据处理、条码打印及管理、货物装盘及托盘数据登录注记（录入）、货位分配及入库指令的发出、Double In 的货位重新分配、入库成功确认、入库单据打印。根据表 2－31 的说明完成物流供应链成品入库流程图。

表 2－31 物流供应链管理系统成品入库流程描述

序号	流程代号	描述	部门	备注
01	入库计划	成品下线后，放到下线缓存区，缓存区容量有限，达到一定数量后由信息员录入入库计划，并通知搬运工将其送至仓库	生产部	
02	成品搬运	搬运工整理好产品并将其送至仓库收货区	生产部	
03	成品收货	收货员接收到成品后，须对产品进行验收，进入产品验货环节	仓库	

（续上表）

序号	流程代号	描述	部门	备注
04	成品验收	认真检查商品外包装是否完好，若出现破损或是原装短少等情况，必须填写记录并打印，由送货人员签字 对进货商品名称、等级、数量、规格、有效期进行核实，核实正确后方可入库保管。若单据与商品实物不相符，应及时上报生产部；若进货商品未经核对入库造成货、单不相符，则由该收货人承担造成的损失	质量部	
05	成品收货验货报告	收货人员将验收结果做成报告，并给送货人员签字。如果不合格则拒收，并写明拒收理由；如果合格则打印收货单；如果需要维修或者质检则通知质量部门进行质检	仓库	
06	拒收	收货人员将货物、验收报告（含拒收理由）交由送货员，结束成品入库流程	仓库	
07	质检通知	对于质量无法确认的产品，仓库可填写质检通知单，要求质量部门派检测人员过来质检	仓库	
08	质检	质量部门在收货区进行质量检测，写成质检报告：如无质量问题，仓库和质检部门签字后仓库可收货；如有质量问题，质检员签字后交由仓库收货员，收货员签字后进行 NC 入库（不良入库）并通知维修部门进行质量维修	质量部	
09	收货单打印	可入库的产品由收货人员填写收货单并打印，仓库人员签字后连同验收报告交给送货人员，完成成品入库货物交接；如果是 NC 入库（不良入库），则须多填写一张维修通知单，通知维修部门进行维修	仓库	
10	入库计划	收货完成后，填写入库计划，并通知物料工进行入库	仓库	仓库信息员或收货人员

（续上表）

序号	流程代号	描述	部门	备注
11	成品入库	物料工接收到入库指令后，领取搬运设备到收货区，根据入库单的要求进行仓库分配。合格产品仓库分配：判断产品是否专用产品，如果是专用产品则进入仓库的固定库位；否则进入自由库位，有搬运工人工选择。不良产品进入 NC 仓库	仓库	
12	入库结束	完成成品入库，库存数据更新		

要求：

①根据步骤说明完成成品入库活动图、用例图、序列图。

②所有设计图的组件元素、关系、描述等正确清晰。

③理顺成品入库流程，设计图能清晰体现信息流。

④设计图清晰体现生产部、质量部、仓库、维修部以及它们之间的关系。

⑤每个流程和步骤都要有文字说明。

⑥整个过程需正确体现收货、入库、质检、NC 处理、完工等一系列流程。

6.7　物流供应链管理系统销售退货业务设计

规范退货的最终处理和再消化，完善收货服务工作，提高客户满意度。

退货业务相关部门的职责如下：

仓库：退货接收，返修计划的安排。

质量部：退货的问题分析、检验和处理方案的制订。

生产部：返修计划的执行。

技术部：为退货问题的分析提供技术支持，针对不良问题的改善方案提供对策，制定相应的工艺标准文件并落实。

销售部：退货信息的输入以及退货返修品的输出消化。

根据表 2－32 完成物流供应链管理系统退货业务设计。

表 2－32　物流供应链管理系统销售退货流程描述

序号	流程代号	描述	部门
01	退货申请	客户发起退货申请，销售人员与客户协商，填写退货单	销售部

（续上表）

序号	流程代号	描述	部门
02	退货原因确认	销售点业务员或由其安排人员到现场对退货原因进行确认，对于批量性的或有争议的退货，销售点有必要通知公司质量管理部质量工程师前往一同确认、商谈。经确认需退货的产品在退货前，业务人员或跟线人员需对退货产品分类标识，写明不合格原因，填写《客户退货责任鉴定报告》，明确型号、数量、退货原因	销售部
03	现场返工/返修通知	与客户协商可以现场返工、返修的产品，由销售点联系销售部，销售部以工作联系单的形式通知分厂，安排相关人员到销售点进行返修处理	销售部
04	现场返修/返工	质量部门接收到返修/返工单后安排人员进行返修	质量部
05	退货整理、装运	因计划取消需退回的完好成品，销售点须按原样进行包装、防护；有质量问题的需退回的成品，销售点需进行整理分类、清点数量、做好标记；整理包装后由销售点联系销售部，销售部安排到销售点装运退货，销售点业务员或由其安排人员开具《客户退货责任鉴定报告》，注明销售点、产品名称、规格型号、数量、退货原因等。填好的通知单需由运输人签字确认，运输驾驶员负责退回产品的数量及防护的完整性，若出现差额或受损等情况，销售部按运输协议规定在运输结算费用中扣除	销售部
06	退货登记	货物退回后，由驾驶员将《客户退货责任鉴定报告》交与销售部签字登记，销售部根据每日退货情况由销售部建立退货产品台账，在《客户退货责任鉴定报告》上注明退货产生的运输费用，以便后期统计落实。然后把退货产品放入退货评审区	仓库
07	组织评审	由销售部通知工厂品保部、制造分厂和仓储部到现场受理，工厂品保部检验员首先核查退回不良品是否标记清楚，若无标记，检验员可以拒绝检验，若标识清楚检验员进行确认工作，负责对退货产品进行原因分析和责任认定，确认完毕后在《客户退货责任鉴定报告》上签署处理意见（合格留用、返工留用、报废），报品质管理部经理审核确认。若批量性的或原因复杂检验员无法认定的，由工厂品保部主管或品质工程师到现场确认	质量部

（续上表）

序号	流程代号	描述	部门
08	返工处理	产品由分厂领出后进行检查、返修，工程部负责制订退货产品返工方案及费用明细。原则上一周内返工后通知工厂品保部检验员检验，合格后由分厂重新入成品库，成品库进行验收登记入账	生产部
09	报废处理	对确认报废的产品由业务员填写“报废处理单”交与仓库，由检验员明确责任部门及费用出处，报品质管理部经理审核确认。仓储部根据“报废处理单”将报废产品的型号、数量清点清楚，确认无误后在“报废处理单”上签收	质量部
10	考核处理	汇总的报废损失和返工费用，报总裁审批后交财务部在责任人当月工资兑现，并纳入责任部门的外部质量损失年度指标中；属于外协单位的质量问题损失，由质量部按照质量保证协议对供应商进行相应的质量索赔	销售部
11	分析改善	质量管理部协助相关责任部门对退货原因进行分析，制定具体改善措施，在《客户退货责任鉴定报告》上填写纠正及预防措施，降低产品退货率。收集整改资料，应按时回复退货整改报告给客户	质量部

要求：

①根据步骤说明完成销售业务活动图、用例图、序列图。

②所有设计图的组件元素、关系、描述等正确清晰。

③理顺成品入库流程，设计图能清晰体现信息流。

④设计图清晰体现销售部、质量部、仓库、客服以及它们之间的关系。

⑤每个流程和步骤都要有文字说明。

6.8　物流供应链管理系统仓库盘点业务设计

制定合理的盘点作业管理流程，以确保公司库存物料盘点的正确性，达到仓库物料有效管理和公司财产有效管理的目的。

盘点业务相关部门的职责如下：

仓库：负责组织、实施仓库盘点作业，最终盘点数据的查核、校正，盘点总结。

财务部：负责稽核仓库盘点作业数据，以反馈其正确性；负责盘点差异数据的批量调整。

根据表 2－33 完成物流供应链管理系统仓库盘点业务设计。

表 2－33 物流供应链管理系统仓库盘点流程描述

序号	流程代号	描述	部门	备注
01	盘点计划	月底盘点由仓库和财务部自发根据工作情况组织进行，年中及年末盘点需要征得总经理的同意；准备盘点一周前需要制作好的盘点计划书，计划中需要对盘点的具体时间、仓库停止作业时间、账务冻结时间、初盘时间、复盘时间、人员安排及分工、相关部门配合及注意事项做详细计划	财务部、仓库	
02	盘点时间安排	确定初步的盘点时间、复盘时间以及查核时间；盘点开始时间和盘点计划共用时间根据当月销售情况、工作任务情况来确定，总体原则是保证盘点质量和不严重影响仓库正常工作任务	财务部、仓库	
03	盘点冻结	盘点前一周发仓库盘点计划，通知财务部、质检部、采购部、客服部、计划部、车间，并抄送总经理，说明相关盘点事宜；仓库盘点期间禁止物料出入库；盘点三天前要求采购部尽量要求供应商或档口将货物提前送至仓库收货，以提前完成收货及入库任务，避免影响正常发货；盘点三天前通知质检部，要求其在盘点前四小时内完成检验任务，以便仓库及时完成物料入库任务；盘点前和录入员沟通好什么时间给出最终盘点数据，由其安排对数据进行库存调整工作； 盘点前和采购沟通好什么时间物资将不做出入库业务；盘点前和车间沟通好什么时间物资不接受领料、退料业务	仓库	整个仓库处于冻结状态。在盘点期间所有仓库业务都无法进行

（续上表）

序号	流程代号	描述	部门	备注
04	初盘作业	准备好相关作业文具及盘点卡；按货架的先后顺序依次对货架上的箱装（或袋装，以下统称箱装）物料进行点数；如发现箱装物料对应的零件盒内物料不够盘点前的发料时，可根据经验拿出一定数量放在零件盒内（够盘点前发货即可）；一般拿出后保证箱装物料为“整十”或“整五”数最好；点数完成后在盘点卡上记录品名、型号、规格、储位、盘点日期、盘点数量并确认签名；将完成的“盘点卡”贴在或钉在外箱上；初盘完成后需要检查是否所有箱装物料都进行过盘点，和箱上的盘点卡是否有表示已记录盘点数据的盘点标记	仓库	
05	复盘	复盘时根据初盘的作业方法和流程对异常数据物料进行再一次点数盘点，如确定初盘盘点数量正确时，则“盘点表”的“复盘数量”不用填写数量；如确定初盘盘点数量错误时，则在“盘点表”的“复盘数量”填写正确数量；复盘完成后，与初盘数据有差异的需要找初盘人予以当面核对，核对完成后，将正确的数量填写在“盘点表”的“复盘数量”栏上，如以前已经填写，则予以修改	仓库	
06	查核	查核最主要的是最终确定物料差异和差异原因；查核问题很大的，也不要光凭经验和主观判断，需要找初盘人或复盘人确定；查核人完成查核工作后在“盘点表”上签字并将“盘点表”交给仓库经理，由仓库经理安排“盘点数据录入员”进行数据录入工作	仓库	差异分析报告
07	盘点库存调整	总经理书面或口头同意对“盘点表”差异数据进行调整后，由财务部门根据仓库发送的电子档“盘点表”负责对差异数据进行调整	财务部、仓库	

6.9 物流供应链管理系统的配送中心业务设计

配送通常是一种短距离、小批量、高频率的运输形式，它以服务为目标，尽可能满足客户要求。如果单从运输的角度看，它是对干线运输的一种补充和完善，属于末端运输、支线运输，主要由汽车运输进行，具有城市轨道货运条件的可以采用轨道运输，对于跨城市的地区配送可以采用铁路运输进行，或者在河道水域通过船舶进行。配送运输过程中，货物可能是从工厂等生产地仓库直接送至客户，也可能通过批发商、经销商或由配送中心、物流中心转送至客户手中。

影响配送运输效果的因素有很多。动态因素有车流量变化、道路施工、配送客户的变动、可供调动的车辆变动等；静态因素有配送客户的分布区域、道路交通网络、车辆运行限制等。各种因素互相影响，很容易造成送货不及时、配送路径选择不当、贻误交货时间等问题。因此，对配送运输的有效管理极为重要，否则不仅影响配送效率和信誉，还将直接导致配送成本上升。

汽车整车运输是指同一收货人，一次性需要到达同一站点，且适合配送装运 3 吨以上的货物运输，或者货物重量在 3 吨以下，但其性质、体积、形状需要一辆 3 吨以上车辆一次或一批运输到目的地的运输。

（1）特点。

整车货物运输一般中间环节较少，送达速度快，运输成本较低。通常以整车为基本单位订立运输合同，以便充分体现整车配送运输的可靠、快速、方便、经济等特性。

（2）基本程序。

按客户需求订单备货、验货、配车、配装、装车、发车、运送、卸车交付、运杂费结算、货运事故处理。

（3）作业过程。

整车货物运输作业是一个多工种的联合作业系统，是社会物流中必不可少的重要过程。这一过程是货物运输的劳动者借助运输线路、运输车辆、装卸设备、站场等设施，通过各个作业环节，将货物从配送地点运送到客户地点的全过程。它由四个相互关联又相互区别的过程构成——运输准备过程、基本运输过程、辅助运输过程和运输服务过程。

根据表 2 - 34 的作业流程说明，完成物流供应链管理系统配送中心业务设计。

表2－34 配送与运输业务作业流程步骤

序号	流程代号	描述	部门
01	划分基本配送区域	为使整个配送有一个可循的基本依据，应首先将客户所在地的具体位置做一系统统计，并将其作业区域进行整体划分，将每个客户囊括在不同的基本配送区域之中，以作为下一步决策的基本参考，如按行政区域或依交通条件划分不同的配送区域，在这一区域划分的基础上再做弹性调整来安排配送	配送中心
02	汽车配载	由于配送货物品种、特性各异，为提高配送效率，确保货物质量，在接到订单后，首先，必须将货物依特性进行分类，然后分别选取不同的配送方式和运输工具，如按冷冻食品、速食品、散装货物、箱装货物等分类配载；其次，配送货物也有轻重缓急之分，必须按照先急后缓的原则，合理组织运输配送	配送中心
03	暂定配送先后顺序	在考虑其他影响因素，做出确定的配送方案前，应先根据客户订单要求的送货时间将配送的先后作业次序做一概括的预订，为后面车辆积载做好准备工作。计划工作的目的是保证达到既定的目标，所以，预先确定基本配送顺序既可以有效地保证送货时间，又可以尽可能提高运作效率	配送中心
04	车辆安排	车辆安排要解决的问题是安排什么类型、吨位的配送车辆进行最后的送货。一般企业拥有的车辆数量有限，当本公司车辆无法满足要求时，可使用外雇车辆。在保证配送运输质量的前提下，是组建自营车队，还是以外雇车辆为主，则须视经营成本而定。但无论自营车辆还是外雇车辆，都必须事先掌握哪些车辆可以供调派并符合要求，即这些车辆的容量和额定载重是否满足要求。其次，安排车辆之前，还必须分析订单上货物的信息，如体积、重量、数量等对于装卸的特别要求，综合考虑各方面因素的影响，做出最合适的车辆安排	运输部

（续上表）

序号	流程代号	描述	部门
05	选择配送线路	确定每辆车负责配送的具体客户后，如何以最快的速度完成对这些货物的配送，即如何选择配送距离短、配送时间短、配送成本低的线路，这需根据客户的具体位置、沿途的交通情况等做出优先选择和判断。除此之外，还必须考虑有些客户或其所在地的交通环境对送货时间、车型等方面的特殊要求，如有些客户不在中午或晚上收货，有些道路在高峰期实行特别的交通管制	运输部
06	确定最终的配送顺序	做好车辆安排及选择最好的配送线路后，依据各车负责配送的具体客户的先后顺序，即可将客户的最终派送顺序加以确定	运输部
07	完成车辆积载	明确了客户的配送顺序后，接下来就是如何将货物装车、以什么次序装车的问题，即车辆的积载问题。原则上，知道了客户的配送先后顺序，只要将货物依“后送先装”的顺序装车即可。但有时为了有效利用空间，可能还要考虑货物的性质（怕震、怕压、怕撞、怕湿）、形状、体积及重量等做出弹性调整。此外，对于货物的装卸方法也必须依照货物的性质、形状、体积及重量等来做具体决定	运输部

要求：

①根据盘点步骤说明，完成物流配送与运输活动图。

②完成物流供应链管理系统物流配送与运输序列图。

③完成物流供应链管理系统物流配送与运输用例图。

④完成物流供应链管理系统物流配送与运输类图。

⑤完成物流供应链管理系统物流配送与运输状态图。

6.10 物流供应链管理系统的仓库管理数据模型设计

根据仓库设计简要流程图（如图 2－115 所示）完成仓库管理系统的完整业务流程图、数据字典、E－R 图设计。由于采用数据库技术，并且用户的领域对数据精确度的要求不是太高，所以这点在系统中表现得比较少，但是用户数据的安全性与正确性是完全保证的，所以对用户的使用没有多大的障碍。本系统数据库较小，所以程序在响应时间、数据更新处理时间上性能是比较突出的，而且也正由于数据量相对较少，故在数据传输时间和系统运行时间上表现得让人较为满意。

①系统功能包括产品出入库登记、确认出入库信息、删除库内信息，借出信息登记、产品分类管理、报表生成、事件记录、数据检测、数据警告。

②系统管理员功能有添加人员、删除人员、查询库内信息、系统配置、查看系统事件、用户管理、人员权限区分。

③用户功能包括查询库内信息、查询出库信息、查询入库信息、修改本用户密码。

根据用户需求，该系统应该实现以下功能：

①应用计算机管理后，由于计算机能存储大量的数据，而且数据只要一次存入便可多次重复使用，所以管理数据要完整、统一，原始记录能保证及时、准确。

②仓库根据现有的物资判断是否该出库，如果可以，就根据出库申请核对发放设备，并填写好出库单，做好登记。设备使用完毕后需要及时还库登记，填写好还库单，如有超期或损坏现象就要如实交罚金并登记。

③应用计算机管理后，许多重复性的工作都可由计算机去执行，从而使管理员从事务性工作中解脱出来，真正变为从事信息分析、判断、决策等创造性工作。

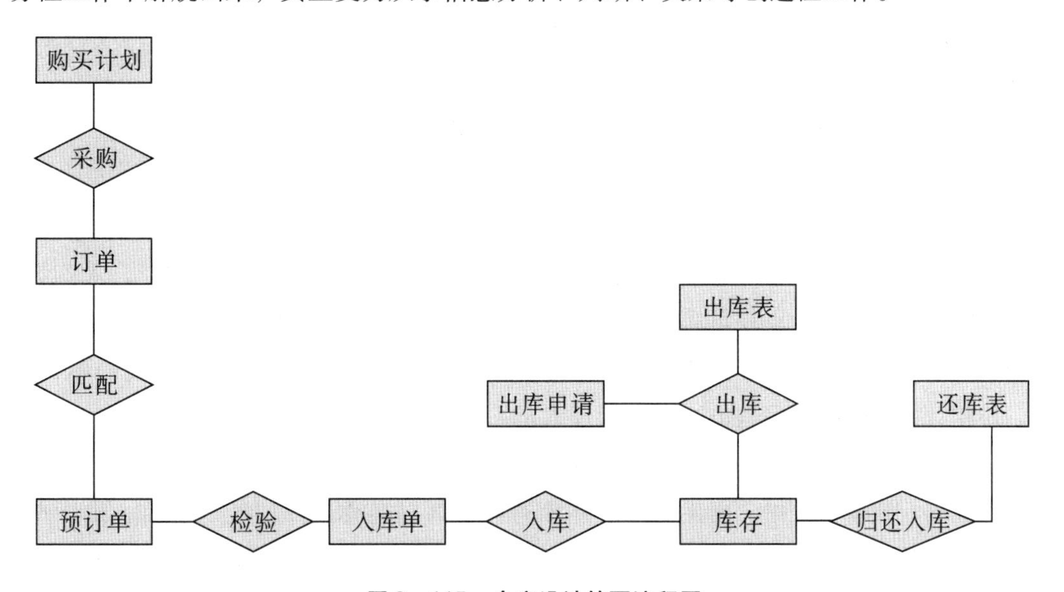

图 2－115　仓库设计简要流程图

根据流程完成订单与购买计划 E－R 图，如图 2－116 所示。

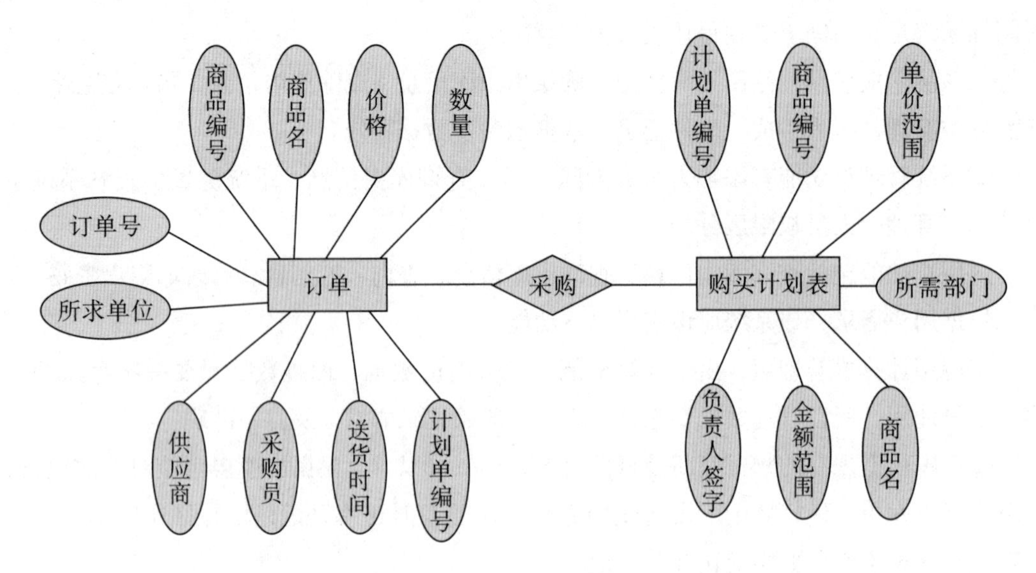

图2－116　局部E－R图（订单与购买计划关系图）

要求：

①按订单与购买计划关系图格式和仓库设计简要流程图完成预览订单与入库的E－R图。

②根据流程图完成出库表与现有库存表的E－R关系图。

③根据流程图完成还库表与现有库存表的E－R关系图。

仓库系统的关系模式如下：

订单，包括订单号、商品编号、商品名、数量、价格、供应商、所求单位、采购员、送货时间、计划单编号；预订单，包括预订单号、商品编号、商品名、数量、价格、供应商、所求单位、采购员、收货时间；入库单，包括入库单编号、商品号、商品名、数量、价格、入库时间、采购员、仓库管理人员、预订单号；仓库现有库存表，包括商品编号、商品名、最大库存、最小库存、现有库存；申请出库，包括申请表单号、商品编号、商品名、数量、价格、出库时间、还库时间、部门名称、部门经理签字；出库单，包括出库表编号、出库数量、商品号、商品名、出库性质、所需部门、仓库管理员、提货人员、出库时间、还库时间、出库申请表号；还库表，包括还库表单号、商品编号、商品名、数量、归还部门、出库时间、还库时间、仓库管理员、出库表编号。

仓库系统基础信息表如表2－35所示。

表 2－35 仓库系统基础信息表

1. 商品种类表		
字段名	类型	说明
ID	INT	ID
Name	VARCHAR（20）	种类名称
Parent	INT	父类 ID
2. 商品信息表		
字段名	类型	说明
ID	INT	ID
Elno	VARCHAR（20）	商品编码
ElName	INT	商品名称
Model	VARCHAR（20）	规格型号
Type	INT	种类编号
Price	DECIMAL（18，2）	单价
Qty	INT	安全库存
Unit	VARCHAR（8）	单位
Remark	VARCHAR（50）	备注

要求：

按表 2－35 的格式完成仓库表、商品库存表、用户表、角色表、厂商资料表、商品领用或还库表、商品还库明细表的数据字典。

6.11 根据收货入库的实例画流程图

目前该企业的收货入库的相关职能部门及作业流程如下，请根据以下信息画出该企业的收货入库作业流程图：

一、职责

1. 仓库主管

（1）提前准备入库资源（人员、设备、场地），并根据现场情况进行有效调配，确保每单正常品入库上架过程安全、流畅。

（2）通过检查、指导仓管员操作，确保流程标准得到有效准确的执行，与此同时，不断优化流程标准，确保运作质量与人员效率满足公司及客户的要求并不断提升。

（3）根据入库操作情况，及时指导仓管员，协助解决异常问题并审核签单情况。

2. 客服代表

（1）在入库收货过程中，负责系统操作，包括接收送货通知信息和系统入库确认等，确保信息处理及时准确。

（2）负责单证的审核、打印和归档，确保单据传递及时准确。

（3）负责针对收货问题，及时与客户进行沟通。

3. 叉车司机

（1）严格按照流程标准进行入仓产品实物交接、单据签署等工作，确保入库产品质量状态和数量准确，交接及时。

（2）负责入库货物的上架工作，确保货物及时、准确、安全地进入指定库位。

（3）在入库交接和上架操作过程中，单据签收、传递及时准确，异常问题及时上报，表单记录清楚、准确。

4. 拣货人员

负责入库的零箱产品货物上架工作，确保货物及时、准确、安全地进入指定库位。

二、流程标准

（一）到货入库流程

1. 接收送货通知订单

公司的仓储管理系统通过软件接口接收送货通知单信息，系统会根据通知单编号进行汇总生成汇总表，形式如下：

- 单据编号
- 箱/托盘号
- 产品编号
- 批次
- 数量
- 失效日期

2. 仓库人员打印收货清单进行收货

（1）客服代表登入仓储管理系统，选中到货的送货通知单并生成收货任务（收货任务状态为“未收货”），打印收货清单，收货清单内容至少包含如下内容：

- 收货任务ID（需要条形码）
- 箱/托盘号信息（需要条形码）
- 产品信息（需要条形码）
- 批号信息（需要条形码）
- 订单箱数
- 包装规格

● 产品订单数量
● 最大收货量

（2）客服代表将收货清单交给仓库主管准备收货。

（3）在无送货通知的零箱收货中，客服代表从系统中导出采购订单电子明细，导出拣货线产品对应表，根据采购订单上的产品匹配出拣货线上架库位，然后按照物料编码、批次进行排序形成“零箱收货上架交接表”，最后必须核对采购单明细与该采购单的“零箱收货上架交接表”顺序是否一致，若一致则打印出一式两份的“零箱收货上架交接表”，与对应收货清单匹配，交给仓库主管准备收货，另一份“零箱收货上架交接表”交给拣货线。

3. 仓库人员将货物复核

（1）仓库主管根据收货清单，准备和安排叉车司机，叉车司机手持终端扫描设备，与供应商进行货物交接，填写收货记录表。

（2）叉车司机持手持终端扫描设备到达交接区与供应商人员当面交接，核对收货清单与供应商发货单，核对一致后，根据收货清单逐托检查：

①不存在破损、污染、受潮、渗漏等情况。

②托盘或箱标签齐全。

③货物重量标签齐全。

④货物堆码整齐，符合搬运及上架的安全要求，不允许有梯子型堆码。

⑤整板货物打缠绕膜。

⑥若是混板货物，每个品种的货物整齐罗列放在四个角上。

如不符合上述情况则等供应商处理完毕，再进行货物交接。

（3）非零箱收货

叉车司机根据收货清单，对实物进行清点，核对箱或托盘标签、物料编码、包装量、批次、数量、产品质量状态，在核对过程中对已清点的货物及单证明细进行标识；因收货量比较大，清单货物必须是逐排进行清点，便于逐板搬运，防止有货物遗留。

（4）零箱收货

叉车司机根据收货清单，对实物进行清点，核对箱或托盘标签、物料编码、批次、货物上的产品重量标签，每确认一个货物，根据“零箱收货上架交接表”上的库位号写在对应的货物上，同时在“收货清单”上进行标识。每板核对完毕后，核对清单板上的零箱箱数与清单上的箱数是否一致，不一致则立即与供应商沟通并解决。

4. 手持终端设备扫描收货

（1）收货复核无差异后，叉车司机使用手持终端设备进行扫描收货，操作手持终端设备的步骤为：

①输入用户名和密码。

②进入主菜单。

③选择收货模式：箱/托盘收货。

(2) 叉车司机使用手持终端设备扫描托盘上的箱或托盘信息，并将已扫描的托盘拉到待上架区域。扫描后箱或托盘对应的产品明细在收货任务单中的收货状态为“已收货”。

(3) 叉车司机重复 (2) 操作，将可交接的货物全部扫描完毕。

(4) 叉车司机扫描收货完毕后，核对已收货物及供应商发货单，无误后在供应商发货单上签实收数量、收货人，盖章，有异常则在单据上备注。

(5) 叉车司机收货完毕后，在收货记录表上填写完成时间、收货的板数和零箱数，然后将手持终端设备和已签字的供应商发货单交给仓库主管。

(6) 仓库主管将核对无误后的供应商发货单交给客服代表。

5. 仓库管理系统收货确认

客服代表收到仓库主管交回的收货清单、供应商发货单、“零箱收货上架交接表”，登入系统主菜单，进行收货确认。

(1) 客服代表根据收货清单输入“收货任务 ID”，查看系统显示的订单汇总信息及收货汇总信息：

①订单编号。

②托盘号码。

③托盘状态（已收货、未收货）。

(2) 客服代表检查托盘状态（已收货、未收货）是否与签单情况一致。如果一致，执行系统确认操作。如果不一致，将收货清单单证退回仓库主管进行核实处理。

(3) 客服代表选中一个或几个订单，执行确认操作，系统自动将该收货信息通过系统接口回传企业资源计划系统。

(4) 如果在订单确认过程中，出现该订单下还有尚未收货的托盘，系统给予提示“××托盘尚未收货”，客服代表与仓库主管确认未收货原因后，进行如下操作：

①如供应商确认后续补货，则将已完成收货部分进行系统确认，系统自动将已收货信息通过系统接口回传企业资源计划系统。

②如供应商确认少货，则除对已完成收货部分进行系统确认外，应对缺少部分手动增加一条收货记录，然后做相应库存调整。

(5) 在系统收货操作完毕后，客服代表将收货清单、供应商发货单、“零箱收货上架交接表”进行归档。

6．存储上架

（1）存储上架采用手持终端设备进行上架。

（2）仓库主管安排叉车司机将已收货的托盘进行上架。

（3）叉车司机/仓管员先区分整板托盘、混板托盘、零箱托盘，整板托盘、混板托盘由人工指定上架库位，零箱托盘可直接上拣货架，零箱产品，先放置到待上架中转区。

（4）根据托盘上的货物类型，叉车司机持手持终端设备进行如下操作：

①叉车司机输入用户名及密码进入手持终端设备主菜单，选择“无建议库位存储区上架”上架模式。

②扫描托盘标签，叉车司机将托盘移至存储区中的空库位上后，该上架库位标签确认上架。

（5）上架完成后，叉车司机/仓管员核查手持终端设备中转库位的货物，存在未上架的货物，必须核查实物进行重新上架，确保系统和实物一致。有零箱存在，清单待上架中转区的零箱箱数与中转库位中一致。

7．拣货线零箱上架

（1）拣货线上架（零箱货物）。

（2）拣货线上架人员确认好零箱上架货物情况，是零箱收货还是非零箱收货的上架。

（3）零箱收货上架。

①上架人员领取“零箱收货上架交接表”、手持终端设备。

②根据“零箱收货上架交接表”开箱核对实物，核对内容包括：物料编码、库位号、箱内实际产品数量。

A．如一致，将零头箱码放到另外一块托盘上。

B．如库位有误，重新更正，码放到另外一块托盘上。

C．如果箱内数量与单证不一致，或产品质量异常，将该箱放置到异常区域，并用单据写上箱或托盘号、物料编码、异常原因。

③核对完毕后，在“零箱收货上架交接表”上签字确认，将核对无误的产品，使用手持终端设备上架。

A．上架工输入用户名及密码进入主菜单，选择“拣货线上架”上架模式。

B．扫描托盘标签及货物外箱条码标签，手持终端设备显示该产品应放置的库位及该产品收货的数量，将货物上到目标库位后，扫描上架库位标签确认完成上架。

④上架完后，上架人员核查手持终端设备中转库位的货物，存在未上架的货物，必须核查实物进行重新上架，确保系统和实物一致。有零箱存在，清单待上架中转区的零箱箱数与中转库位中一致。

⑤将“零箱收货上架交接表”交给客服代表进行归档。

（4）非零箱收货上架。

①上架人员领用手持终端设备。

②采用手持终端设备扫描产品箱外标签，分离出该产品在拣货线上是否有库位，没有库位的产品单独放到一块托盘上，等待交给存储。

③开箱核对实物，箱内实际产品数量与手持终端设备中的数量是否一致。

A. 如一致，将零头箱码放到另外一块托盘上，并根据手持终端设备显示的库位在箱外写库位号。

B. 如果箱内数量与手持终端设备显示数量不一致，将该箱放置到异常区域，并用单据写上箱/托盘号、物料编码、异常原因。

④核对完毕后，将核对无误的产品，使用手持终端设备上架。

A. 上架工输入用户名及密码进入主菜单，选择“拣货线上架”上架模式。

B. 扫描托盘标签及货物外箱条码标签，手持终端设备显示该产品应放置的库位及该产品收货的数量，将货物上到目标库位后，扫描上架库位标签确认完成上架。

⑤上架完后，上架人员核查手持终端设备中转库位的货物，存在未上架的货物，必须核查实物进行重新上架，确保系统和实物一致。有零箱存在，清单待上架中转区的零箱箱数与中转库位中一致。

要求：

①包含起始点、结束点、判断框、输入输出框、注释框、执行框、流程线。

②流程清晰，关系正确。

③要有顺序、循环、选中结构。

④要按照职能部门进行流程节点的归属划分。

⑤每个流程和步骤都要有文字说明。

6.12 根据出库的实例画流程图

目前该企业出库的相关职能部门及作业流程如下，请根据以下信息画出该企业的出库作业流程图。

一、职责

1. 仓库主管

（1）合理调派现场人员、设备资源，合理安排交接场地。

（2）监督和管理订单交接过程的货物、单证交接和传递的准确性、及时性，及时解决现场的异常问题。

2. 客服代表

（1）负责协助发货员解决订单交接过程中的异常问题。

（2）负责及时打印出库单证，及时准确地进行仓储管理系统的订单交接确认。

（3）负责所有出库单证的归档。

3. 码板员

严格按照流程标准进行订单组托，确保组托及交接过程安全、高效，结果准确，无漏组托、错放、丢失等情况发生。

4. 发货员

严格按照流程标准，进行订单出库货物扫描复核，并与运输商进行货物及单据交接。

5. 叉车司机

严格按照出库操作流程进行订单出库操作，与运输商进行货物及单据交接。

二、流程标准

1. 下订单

出库订单经过订单接收及处理，在拣货线分拣装箱、校验整理、打包作业后，进行订单组托操作。

（1）订单组托。

（2）码板员按线路分别码板。

①码板员将已经处理完毕的订单箱按照线路分别码放在空托盘上。

②码放要求：

A. 不同供应商、发运线路货物不允许混放于同一托盘上。

B. 订单箱标签一致朝外，便于手持终端设备扫描。

C. 每箱码放整齐，不超板，易于搬运，订单箱不容易倒塌。

（3）托盘码满后使用手持终端设备逐箱扫描组托。

①码板员给码满的托盘粘贴预先打印好的托盘标签。托盘标签贴至面向托盘右上角最顶端订单箱上，标签不要覆盖订单箱标签、快递面单、客户名称等标识。

②码板员登录手持终端设备，进入“托盘组托”菜单，提示输入新托盘标签条码。

③扫描新托盘标签条码，点“提交”，手持终端设备提示扫描订单箱标签，逐箱扫描订单箱标签，直至托盘上所有订单箱全部扫描完。若扫描订单箱标签过程中遇到与托盘第一箱不同线路的订单箱时，手持终端设备提示“此订单箱不属于该线路”。

A. 如果此订单箱已组托，则手持终端设备提示该订单箱已组托的托盘号，码板员将此混路线订单箱搬至RF指定的托盘上。

B. 如果该订单箱未组托，则手持终端设备提示该订单箱需重新组托，码板员将此混路线订单箱搬至需重新组托的托盘上。

④码板员扫描完托盘上的所有订单箱，核对托盘上实物订单箱数与手持终端设备界面显示的订单箱数一致，点“提交”完成组托。若实物箱数与手持终端设备显示订单箱

数不一致，点“取消”，重新操作逐箱扫描。

(4) 码板员将组托完的托盘移至对应线路发运的交接区交接给发货员。

2. 订单交接

仓库主管根据运输商预约提货时间，及时安排发货员检查清理交接区，准备手持终端设备。

(1) 按单交接。

①发货员在交接区，登录手持终端设备，进入“订单交接”界面，选择“按单交接”。

②进入“按单交接”界面后，选择承运商，扫描待交接的托盘标签，点“提交”，手持终端设备显示该托盘所属的承运商、路线，点“确认”。

③手持终端设备扫描箱标，并显示该托盘未扫箱数。

④发货员扫描箱标，手持终端设备界面更新显示本订单已扫箱数、未扫箱数，本托盘已扫箱数、未扫箱数，继续扫描该订单的订单箱；一个订单的订单箱全部扫描完后，才能继续扫描下一个订单的订单箱箱标条码。重复以上动作，直至托盘货物全部扫描完毕，手持终端设备显示托盘未扫箱数为0，点“提交”，手持终端设备将此托盘状态更新为“已扫描”。

A. 扫描过程中，若遇到系统记录外的订单箱，手持终端设备提示“该托盘无此订单箱记录”，发货员将订单箱搬至待处理托盘。

B. 扫描过程中，若一个订单的订单箱未扫完时扫描其他订单的订单箱，手持终端设备提示“×××订单未扫描完”，将提示订单的订单箱扫描完后再扫其他订单。

C. 一个托盘的订单箱必须全部扫描后才能提交，不允许部分提交。

a. 若手持终端设备扫描完托盘上实物订单箱，手持终端设备界面的本托盘未扫箱数不为0，则重新扫描。

b. 若重新扫描证实实物短少时：

- 整单短少，发货员通知客服在仓储管理系统做系统更新，将短少订单的所有订单箱移出至待处理托盘，再重新扫描需交接的托盘，提交。
- 整单中的某箱短少，发货员使用手持终端设备将此订单的所有订单箱移出，现场将短少订单的所有订单箱移至待处理托盘，再重新扫描需交接的托盘，提交。

⑤每托盘扫描完进行提交后，系统自动检查该托盘关联的托盘号和订单号是否能完整交接，若能完整交接，则系统将托盘号和订单号状态更新为“可交接”状态。

(2) 按箱交接。

仓库主管根据运输商预约提货时间，及时安排发货员检查清理交接区，准备手持终端设备。

①发货员在交接区，登录手持终端设备，进入“订单交接”界面，选择“按箱交接”。

②进入“按箱交接”界面后，选择承运商，扫描待交接的托盘标签，点“提交”，手持终端设备上显示该托盘号所属的承运商、路线，点“确认”。

③手持终端设备上提示扫描箱标，并显示该托盘未扫箱数。

④发货员扫描箱标，手持终端设备界面更新显示本托盘已扫箱数、未扫箱数。重复以上动作，直至托盘订单箱全部扫描完毕，手持终端设备上显示托盘未扫箱数为0，点“提交”，系统将此托盘号状态更新为“已扫描”。

A. 扫描过程中，若遇到系统记录外的订单箱，手持终端设备上提示“该托盘无此订单箱记录”，发货员将订单箱搬至待处理托盘。

B. 一个托盘上的订单箱必须全部扫描后才能提交，不允许部分提交。若扫描完托盘上所有订单箱后，手持终端设备界面的本托盘未扫箱数不为0，则重新扫描。若重新扫描证实实物短少时，使用手持终端设备将短少的订单箱移至待异常处理托盘，再重新扫描需交接的托盘，提交。

⑤每托盘进行交接提交后，系统自动检查该托盘关联的托盘号和订单号是否能完整交接，若能完整交接，则系统将托盘号和订单号状态更新为“可交接”状态。

3. 实物交接

（1）客服在仓储管理系统中，选择供应商、线路，将标记为“可交接”状态的订单箱信息打印为交接清单，将交接清单（包括箱外物信息）给到仓库主管。系统自动更新“可交接”状态为“已打印索引”状态。

（2）提货车辆到库后，快递商前往仓库调度台投单，仓库主管审核快递商“提货授权委托书”及相关证件，若是固定提货快递商，可将“提货授权委托书”及司机相关证件复印一份在仓库留底，审核提货司机证件合格后，将一联交接清单交给提货司机。

（3）供应商根据交接清单清点货物，与发货员交接箱数，实物确认无误后双方在交接清单上签字确认。

（4）供应商装车。

（5）发货员将已签单的单证交给仓库主管审核，无异常，仓库主管给予放行条。

（6）发货员将已签单的交接清单交接给客服代表。

4. 仓储管理系统交接确认

（1）客服代表收到已签单的交接清单，在仓储管理系统中查询交接完成清单，确认交接完成。系统更新“已打印索引”状态为“已交接”状态。

（2）在实物交接完成后，客服代表必须在1小时之内完成系统操作，系统回传其他系统。

（3）客服代表将交接清单进行归档。

要求：

①包含起始点、结束点、判断框、输入输出框、注释框、执行框、流程线。

②流程清晰，关系正确。

③要有顺序、循环、选中结构。

④要按照职能部门进行流程节点的归属划分。

⑤每个流程和步骤都要有文字说明。

6.13 根据ERD图描述数据表、主键、外键的关系

ERD图的背景描述：广东省即将举办世界技能大赛广东省选拔赛，为了方便数据统计，以及方便快速地为参赛队伍办理酒店入住和管理参赛人员的信息，现在主办方需要开发一套世界技能大赛广东省选拔赛组织管理系统用于管理与组织比赛。该系统主要使用人员分为系统管理员、参赛选手、教练、裁判、各校后勤服务人员、主办方后勤人员、游客。

游客可在系统登录页面打开注册页面，录入姓名、身份证号、所属学校、联系方式、出生日期、密码、联系地址、邮箱等信息，选择自己的身份进行注册，可选的注册身份有参赛选手、后勤人员（各参赛队后勤人员）、教练、裁判等，注册后即可登录系统。

系统管理员可管理人员信息、各个赛事项目信息等，可以录入比赛场地附近酒店房间信息（价格，房间类型：单人房、双人房、三人房），供参赛选手、教练、后勤人员选择；在比赛报到当天可以为各个项目参赛选手进行抽签、固定工位，录入系统，成绩录入做好基础数据。

参赛选手可以在登录系统后，进行报名参赛，在选择了比赛项目后选择入住的酒店，报名成功后，在赛前报到时可以上传缴费凭证、个人证件图片进行在线报名，并且可以在系统中检测选手的报名条件是否符合大赛的要求，如果不符合，可以直接在系统中进行提醒和提示报名最终认证情况，选手可以在系统中查询报名认证的结果，赛后可在系统内查询自己的比赛成绩和项目的排名情况。

目前主办方急需人员信息管理功能与酒店信息预订功能，只需根据需求设计人员信息及项目信息管理与酒店预订功能的ERD，为了保证系统功能的完善与扩展（主办方后期希望加入订单功能、回程班车组织等功能），下面的ERD是具有可扩展性的，请根据所给出的ERD图，完成以下内容：

（1）描述主键、外键之间的数据关系（建议用表格罗列）。

（2）数据主键的逻辑关系。

（3）完成每个数据图的对应数据表，并且定义数据的属性。

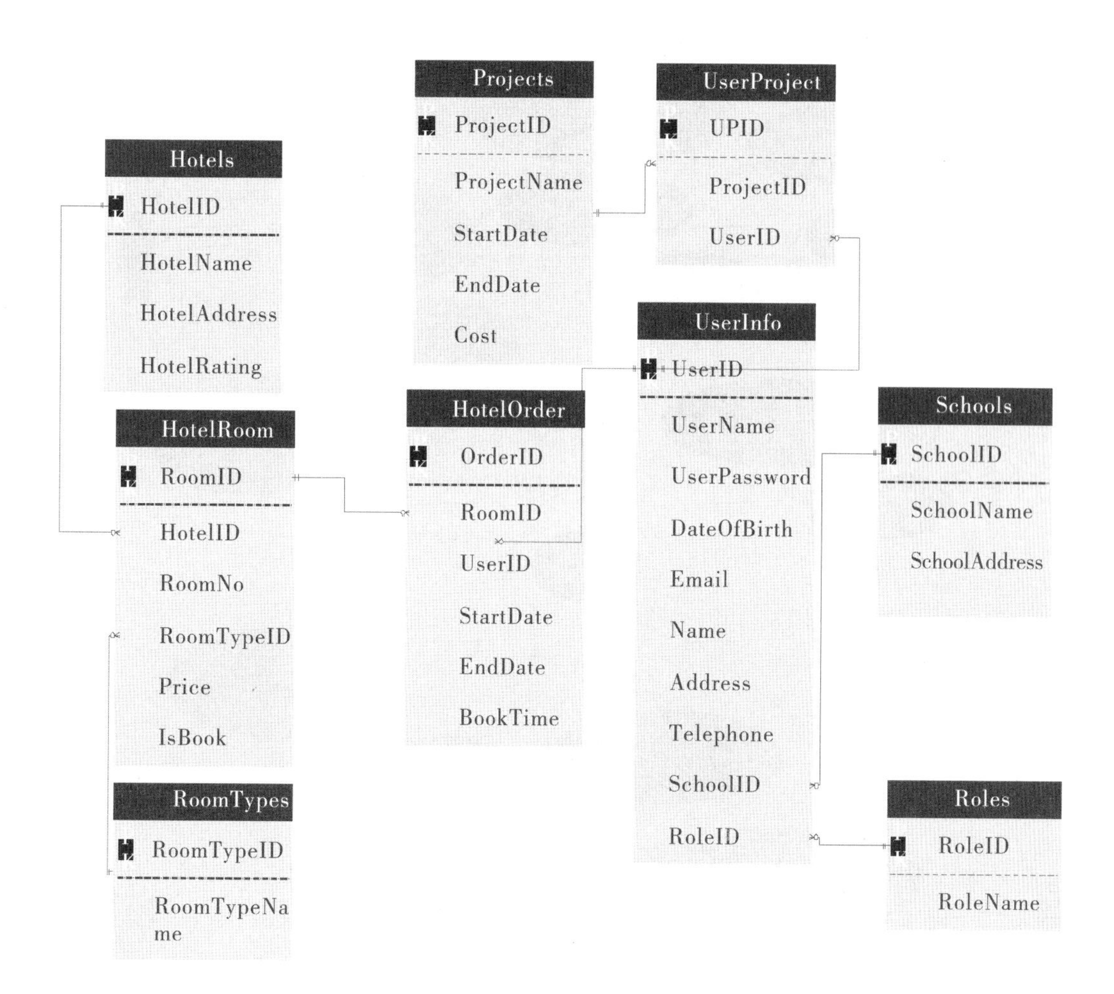

图 2-117

6.14 根据用例图用工具画出每个账户的界面

第 43 届世界技能大赛商务软件的测试题目所给出的用例图如图 2-118 所示，依据用例图，请描述用例图中用户的关系，演推出每个用户的界面、具有的功能和逻辑关系，并且根据功能需求描述画出关键的界面图。

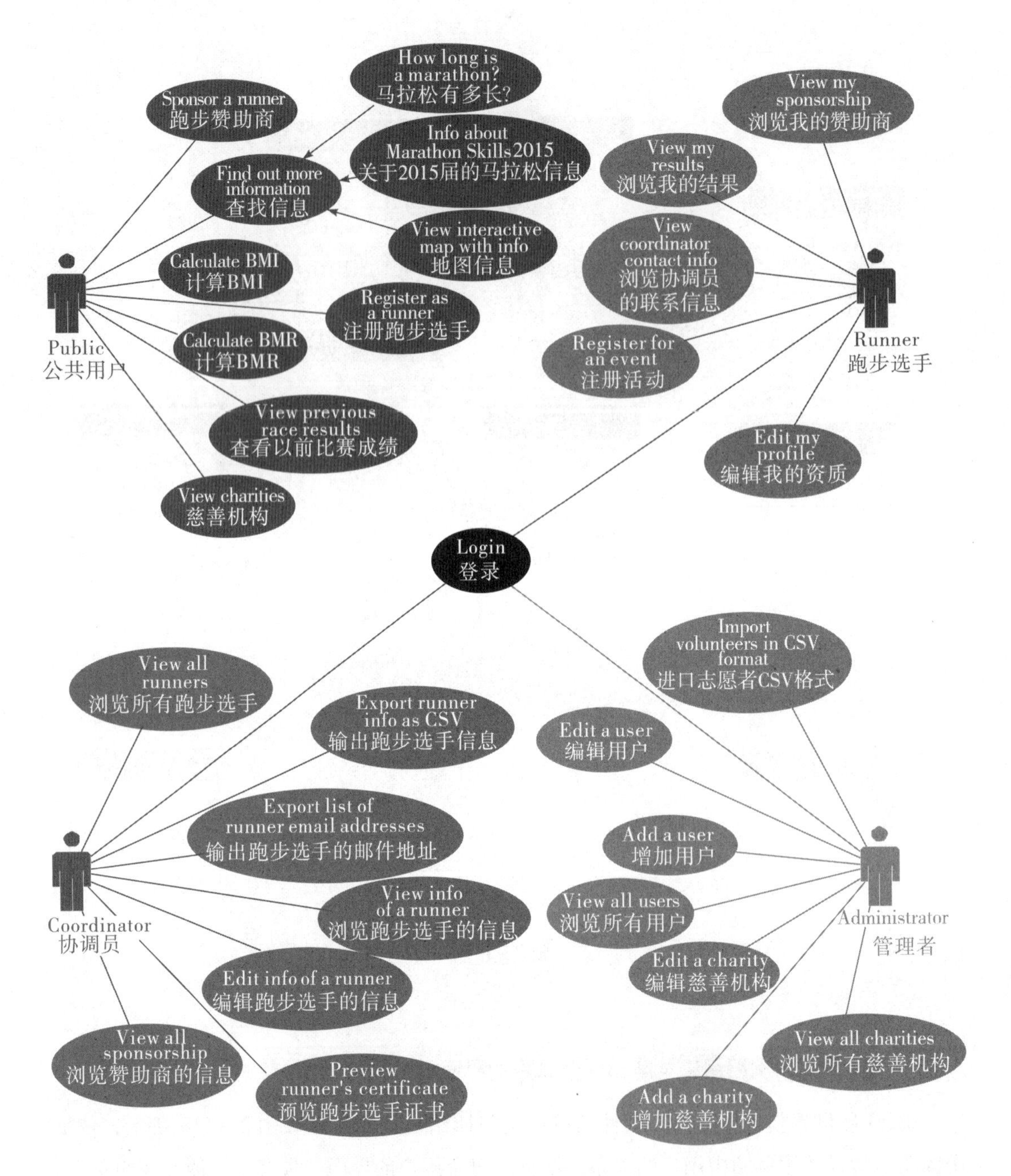

图2－118　用例图

描述用例图中协调员、跑步者、公共用户、管理者4个用户的功能，并着重说明4个用户共同功能之间的关系。

用活动图画出关键功能的流程图（不少于5个），例如，登录功能流程图。

画出序列图（选择5个功能节点进行绘制）。

用快速画图工具完成用例图中每个用户的界面、二级界面的基本结构和布局。如图 2－119、2－120 所示的登录界面及注册为跑步运动员界面。

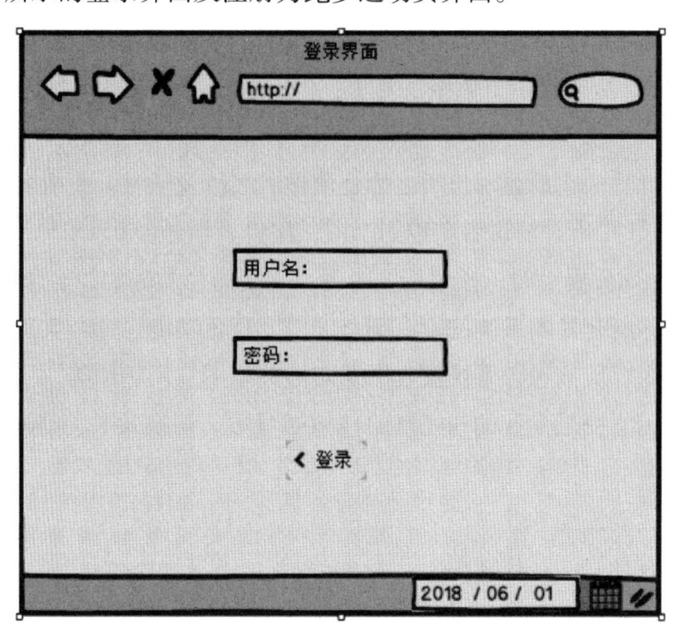

图 2－119

图 2－120

根据上图的案例，一一画出 4 个不同身份的用户一级界面和二级界面，并且说明功能之间的逻辑关系。

7. 任务成果展示

在此阶段，需要制作一个 PowerPoint 展示文件，来向你的顾客对象讲解你的作品。制作 PowerPoint 时，应遵循以下风格及要求：

（1）标题字号不小于 40 磅，正文字号大于 24 磅。

（2）正文幻灯片的底部显示班级名称、演讲者名称及学号。班级名称如 15 商务软件开发与应用高级（1）班，演讲者名称如李雷，演讲者学号如 051531。

当进行 PowerPoint 展示时，按照行业向客户介绍商品的需要，必须做到：

（1）展示出你所开发的系统的所有部分，以及特色功能设计与实现。

（2）展示的内容应该包含系统流程图及实体关系图、用例图等。

（3）确保演示文稿是专业的和完整的（包括母版、切换效果、动画效果、链接）。

（4）使用清晰的语言表达。

（5）演示方式要流畅专业。

（6）必须具有良好的礼仪礼貌。

（7）把握演讲时间及掌握演讲技巧。

8. 任务评审标准

根据世界技能大赛及行业商务软件开发的综合能力要求，本任务评审的详细技能标准及权重如表 2－36 所示。

表 2－36　评审标准

部分	技能标准	权重
1. 工作组织和管理	个人需要知道和理解： ➢ 团队高效工作的原则与措施 ➢ 系统组织的原则和行为 ➢ 系统的可持续性、策略性、实用性 ➢ 从各种资源中识别、分析和评估信息	5
	个人应能够： ➢ 合理分配时间，制订每日开发计划 ➢ 使用计算机或其他设备以及一系列软件包 ➢ 运用研究技巧和技能，紧跟最新的行业标准 ➢ 检查自己的工作是否符合客户与组织的需求	

（续上表）

部分	技能标准	权重
2. 交流和人际交往技能	个人需要知道和理解： ➢ 聆听技能的重要性 ➢ 与客户沟通时，严谨与保密的重要性 ➢ 解决误解和冲突的重要性 ➢ 取得客户信任并与之建立高效工作关系的重要性 ➢ 写作和口头交流技能的重要性	5
	个人应能够使用读写技能： ➢ 遵循指导文件中的文本要求 ➢ 理解工作场地说明和其他技术文档 ➢ 与最新的行业准则保持一致 个人应能够使用口头交流技能： ➢ 对系统说明进行讨论并提出建议 ➢ 使客户及时了解系统进展情况 ➢ 与客户协商项目预算和时间表 ➢ 收集和确定客户需求 ➢ 演示推荐的和最终的软件解决方案 个人应能够使用写作技能： ➢ 编写关于软件系统的文档（如技术文档、用户文档） ➢ 使客户及时了解系统进展情况 ➢ 确定所开发的系统符合最初的要求并获得用户的签收 个人应能够使用团队交流技能： ➢ 与他人合作开发所要求的成果 ➢ 善于团队协作，共同解决问题 个人应能够使用项目管理技能： ➢ 对任务进行优先排序，并做出计划 ➢ 分配任务资源	
3. 问题解决、革新和创造性	个人需要知道和理解： ➢ 软件开发中常见问题类型 ➢ 企业组织内部常见问题类型 ➢ 诊断问题的方法 ➢ 行业发展趋势，包括新平台、语言、规则和专业技能	5

（续上表）

<table>
<tr><th>部分</th><th>技能标准</th><th>权重</th></tr>
<tr><td>3. 问题解决、革新和创造性</td><td>个人应能够使用分析技能：
➢ 整合复杂和多样的信息
➢ 确定说明中的功能性和非功能性需求
个人应能够使用调查和学习技能：
➢ 获取用户需求（如通过交谈、问卷调查、文档搜索和分析、联合应用设计和观察）
➢ 独立研究遇到的问题
个人应能够使用解决问题技能：
➢ 及时地查出并解决问题
➢ 熟练地收集和分析信息
➢ 制订多个可选择的方案，从中选择最佳方案并实现</td><td></td></tr>
<tr><td rowspan="2">4. 分析和设计软件解决方案</td><td>个人需要知道和理解：
➢ 确保客户最大利益来开发最佳解决方案的重要性
➢ 使用系统分析和设计方法的重要性（如统一建模语言）
➢ 采用合适的新技术
➢ 系统设计最优化的重要性</td><td rowspan="2">30</td></tr>
<tr><td>个人应能够分析系统：
➢ 用例建模和分析
➢ 结构建模和分析
➢ 动态建模和分析
➢ 数据建模工具和技巧
个人应能够设计系统：
➢ 类图、序列图、状态图、活动图
➢ 面向对象设计和封装
➢ 关系或对象数据库设计
➢ 人机互动设计
➢ 安全和控制设计
➢ 多层应用设计</td></tr>
</table>

（续上表）

部分	技能标准	权重
5. 开发软件解决方案	个人需要知道和理解： ➢ 确保客户最大利益来开发最佳解决方案的重要性 ➢ 使用系统开发方法的重要性 ➢ 考虑所有正常和异常以及异常处理的重要性 ➢ 遵循标准（如编码规范、风格指引、UI 设计、管理目录和文件）的重要性 ➢ 准确与一致的版本控制的重要性 ➢ 使用现有代码作为分析和修改的基础 ➢ 从所提供的工具中选择最合适的开发工具的重要性	40
	个人应能够： ➢ 使用数据库管理系统 SQL Server 来为所需系统创建、存储和管理数据 ➢ 使用最新的 .NET 开发平台 Visual Studio 开发一个基于客户端/服务器架构的软件解决方案 ➢ 评估并集成合适的类库与框架到软件解决方案中构建多层应用 ➢ 为基于 Client - Server 的系统创建一个网络接口	
6. 测试软件解决方案	个人需要知道和理解： ➢ 迅速判定软件应用的常见问题 ➢ 全面测试软件解决方案的重要性 ➢ 对测试进行存档的重要性	10
	个人应能够： ➢ 安排测试活动（如单元测试、容量测试、集成测试、验收测试等） ➢ 设计测试用例，并检查测试结果 ➢ 调试和处理错误 ➢ 生成测试报告	
7. 编写软件解决方案文档	个人需要知道和理解： ➢ 使用文档全面记录软件解决方案的重要性	5
	个人应能够： ➢ 开发出具有专业品质的用户文档和技术文档	

9. 任务评分标准

根据任务的技能要求及目标，结合世赛商务软件解决方案项目在文件创建、建模、数据模型设计、界面设计技能要求点的评分标准，本任务的评分标准如表 2－37 所示。

表 2－37　评分标准

WSSS Section（世界技能大赛标准）		Criteria（标准）					Mark（评分）
		A（系统分析设计）	B（软件开发）	C（开发标准）	D（系统文档）	E（系统展示）	
1	工作组织和管理	3	2				5
2	交流和人际交往技能		5				5
3	问题解决、革新和创造性		5				5
4	分析和设计软件解决方案	22	8				30
5	开发软件解决方案		35	5			40
6	测试软件解决方案		5		5		10
7	编写软件解决方案文档					5	5
Total（总分）		25	60	5	5	5	100

10. 系统分值

本任务的系统分值如表 2－38 所示。

表 2－38 系统分值

Criteria（标准）	Description（描述）	SM（主观评分）	OM（客观评分）	TM（总分）	Mark（评分）
A	系统分析设计		20～35	20～35	20
B	软件开发		45～70	45～70	65
C	开发标准		3～5	3～5	5
D	系统文档		5	3～5	5
E	系统展示	5		5	5
小计		5	95	100	100

11. 评分细则

本任务的评分细则如表 2－39 所示。

表 2－39 评分细则

Criteria（标准）	Sub Criteria（子标准）	Sub Criteria Description（子标准描述）	Aspect（方向）	Aspect of Sub Criteria Description（子方向描述）	Mark（评分）	Result（得分结果）
A	A1	提交文件、命名规范	O1	按照规则正确命名。按要求命名并正确归档	5	
		供应链功能结构图	O2	具有三层结构；从属关系正确。功能结构每少 1 个菜单错误扣 0.5 分，扣完为止；每处关系错误扣 0.5 分，扣完为止	8	
				正确的生产制造管理模块的整体功能结构图。功能结构每少 1 个菜单错误扣 0.5 分，扣完为止；每处关系错误扣 0.5 分，扣完为止	6	
				正确的第三方物流中心的整体功能结构图。功能结构每少 1 个菜单错误扣 0.5 分，扣完为止；每处关系错误扣 1 分，扣完为止	6	

（续上表）

Criteria（标准）	Sub Criteria（子标准）	Sub Criteria Description（子标准描述）	Aspect（方向）	Aspect of Sub Criteria Description（子方向描述）	Mark（评分）	Result（得分结果）
B	B1	供应链的登录功能逻辑设计图	O1	正确完成流程图的元素。每处错误扣0.5分，扣完为止	1	
				包含开始、用户名录入、密码录入、校验以及逻辑动作等要素。每处错误扣0.5分，扣完为止	1	
				专业的逻辑判断。每处错误扣0.5分，扣完为止	1	
		创建供应链客户销售子系统设计	O2	正确完成销售系统业务活动的活动图。每处错误扣0.5分，扣完为止	1	
				正确完成销售系统业务活动的序列图。每处错误扣0.5分，扣完为止	2	
				正确完成销售系统业务活动的用例图。每处错误扣0.5分，扣完为止	2	
				所有关系与活动正确。每处错误扣0.5分，扣完为止	2	
		物流供应链原材料采购的设计	O3	正确完成原材料采购业务活动的活动图。每处错误扣0.5分，扣完为止	2	
				正确完成原材料采购业务活动的状态图。每处错误扣0.5分，扣完为止	2	
				正确完成原材料采购业务活动的状态图。每处错误扣0.5分，扣完为止	2	
				正确完成原材料采购业务活动的类图。每处错误扣0.5分，扣完为止	2	

（续上表）

Criteria（标准）	Sub Criteria（子标准）	Sub Criteria Description（子标准描述）	Aspect（方向）	Aspect of Sub Criteria Description（子方向描述）	Mark（评分）	Result（得分结果）
B	B1	创建供应链的原材料质量检测（IQC）业务流程图	O4	包含起始点、结束点、判断框、输入输出框、注释框、执行框、流程线	1	
				质量部与仓库部关系正确	1	
				IQC 的检验流程正确、清晰	1	
		物流供应链成品入库业务设计	O5	正确完成成品入库业务活动图。每处错误扣 0.5 分，扣完为止	1	
				正确完成成品入库业务序列图。每处错误扣 0.5 分，扣完为止	1	
				正确完成成品入库业务序列图。每处错误扣 0.5 分，扣完为止	2	
				整个过程须正确体现收货、入库、质检、NC 处理、完工等一系列流程	2	
		销售退货业务设计	O6	正确完成成品销售退货业务活动图。每处错误扣 0.5 分，扣完为止	2	
				正确完成成品销售退货业务序列图。每处错误扣 0.5 分，扣完为止	2	
				正确完成成品销售退货业务用例图。每处错误扣 0.5 分，扣完为止	2	
				设计图清晰体现销售部、质量部、仓库、客服以及它们之间的关系。每处错误扣 0.2 分，扣完为止	2	

（续上表）

Criteria（标准）	Sub Criteria（子标准）	Sub Criteria Description（子标准描述）	Aspect（方向）	Aspect of Sub Criteria Description（子方向描述）	Mark（评分）	Result（得分结果）
B	B1	供应链仓库盘点业务设计	O7	正确完成仓库盘点业务活动图。每处错误扣0.5分，扣完为止	2	
		物流供应链管理系统配送中心业务设计	O8	根据盘点步骤说明完成物流配送与运输活动图。每处错误扣0.5分，扣完为止	2	
				完成物流供应链管理系统配送与运输序列图。每处错误扣0.5分，扣完为止	2	
				完成物流供应链管理系统配送与运输用例图。每处错误扣0.5分，扣完为止	2	
				完成物流供应链管理系统配送与运输类图。每处错误扣0.5分，扣完为止	1	
				完成物流供应链管理系统配送与运输状态图。每处错误扣0.5分，扣完为止	1	
		物流供应链管理系统的仓库管理数据模型设计	O9	完成预览订单与入库的E-R图	1	
				完成出库表与现有库存表的E-R关系图	1	
				完成还库表与现有库存表的E-R关系图	1	
				完成仓库表、商品库存表、用户表、角色表、厂商资料表、商品领用和还库表、商品还库明细表的数据字典，少1个表扣1分；每发现1处问题扣0.2分，扣完为止	1	

（续上表）

Criteria（标准）	Sub Criteria（子标准）	Sub Criteria Description（子标准描述）	Aspect（方向）	Aspect of Sub Criteria Description（子方向描述）	Mark（评分）	Result（得分结果）
B	B1	仓库收货入库的流程图设计	O10	包含起始点、结束点、判断框、输入输出框、注释框、执行框、流程线	1	
				收货入库的流程正确、清晰	1	
				能清晰表现出各职能部门的作业	1	
		仓库出库的流程图设计	O11	包含起始点、结束点、判断框、输入输出框、注释框、执行框、流程线	1	
				出库的流程正确、清晰	1	
				能清晰表现出各职能部门的作业	1	
		根据 ERD 图描述数据表、主键、外键的关系	O12	准确描述数据表中主键、外键的关系，每错 1 处扣 0.5 分	3	
		根据用例图用工具画出每个账户的界面	O13	不少于 5 个界面，少于 5 个界面不得分	4	
C	C1	文档 Logo	O1	每个文档包括图片都要有 Logo。少 1 个扣 0.1 分，扣完为止	1	
		标题	O2	文件标题。错 1 个扣 0.1 分，扣完为止	1	
		字体	O3	标题字体：四号加粗宋体； 正文字体：五号宋体。 错 1 个扣 0.1 分，扣完为止	1	
		文档布局	O4	产品布局须直观、清晰，页面控件没对齐、溢出、看不清等扣 0.1 分，扣完为止	2	

（续上表）

Criteria（标准）	Sub Criteria（子标准）	Sub Criteria Description（子标准描述）	Aspect（方向）	Aspect of Sub Criteria Description（子方向描述）	Mark（评分）	Result（得分结果）
D	D1	系统文档	O1	用户需求日记。没有扣2分。要记录时间、日期、谈话内容、核心、会议记录、签名，每少1处扣0.4分	3	
				少提交1个文档扣0.5分	2	
E	E1	PPT 制作与展示	S1	展示出所开发的系统的所有部分，使用截屏并确保展示能够流畅地表现出部分之间的衔接；确保演示文稿是专业的和完整的（包含母版、切换效果、动画效果、链接），具有良好的语言表达、演示方式、礼仪礼貌、演讲技巧	3